住房和城乡建设部"十四五"规划教材

高等职业教育建设工程管理类专业"十四五"数字化新形态教材

BIM 应用概论

夏一云　袁建新　邓　勇　编　著

侯　兰　主　审

中国建筑工业出版社

图书在版编目（CIP）数据

BIM 应用概论 / 夏一云，袁建新，邓勇编著.
北京：中国建筑工业出版社，2024.6. --（住房和城乡建设部"十四五"规划教材）（高等职业教育建设工程管理类专业"十四五"数字化新形态教材）. -- ISBN 978-7-112-29945-4

Ⅰ.TU201.4

中国国家版本馆 CIP 数据核字第 20248H7T32 号

《BIM 应用概论》是高等职业教育工程管理类专业教学用书。本教材主要包括：BIM 的概念、BIM 软件概述、BIM 应用现状、建筑信息模型概述、施工管理 BIM 应用、造价管理 BIM 应用、工程量计算 BIM 应用、工程造价计算 BIM 应用、成本管理 BIM 应用、竣工验收阶段及竣工结算 BIM 应用等内容，各章还包括便于学员掌握基本内容与方法的练习题。

本教材可作为职业教育建设工程管理类专业及相关专业课程教材，也可作为相关从业人员的工作、参考用书。

为更好地支持相应课程的教学，我们向采用本书作为教材的教师提供教学课件，有需要者可与出版社联系，邮箱：jckj@cabp.com.cn，电话：(010)58337285，建工书院 http://edu.cabplink.com(PC 端)。欢迎任课教师加入专业教学交流 QQ 群：745126886。

责任编辑：吴越恺　张　晶
责任校对：赵　力

住房和城乡建设部"十四五"规划教材
高等职业教育建设工程管理类专业"十四五"数字化新形态教材
BIM 应用概论
夏一云　袁建新　邓　勇　编　著
侯　兰　主审

*

中国建筑工业出版社出版、发行（北京海淀三里河路 9 号）
各地新华书店、建筑书店经销
北京红光制版公司制版
北京圣夫亚美印刷有限公司印刷

*

开本：787 毫米×1092 毫米　1/16　印张：7½　字数：169 千字
2024 年 6 月第一版　　2024 年 6 月第一次印刷
定价：29.00 元（赠教师课件）
ISBN 978-7-112-29945-4
（42350）

版权所有　翻印必究
如有内容及印装质量问题，请联系本社读者服务中心退换
电话：(010) 58337283　QQ：2885381756
（地址：北京海淀三里河路 9 号中国建筑工业出版社 604 室　邮政编码：100037）

出 版 说 明

党和国家高度重视教材建设。2016年，中办国办印发了《关于加强和改进新形势下大中小学教材建设的意见》，提出要健全国家教材制度。2019年12月，教育部牵头制定了《普通高等学校教材管理办法》和《职业院校教材管理办法》，旨在全面加强党的领导，切实提高教材建设的科学化水平，打造精品教材。住房和城乡建设部历来重视土建类学科专业教材建设，从"九五"开始组织部级规划教材立项工作，经过近30年的不断建设，规划教材提升了住房和城乡建设行业教材质量和认可度，出版了一系列精品教材，有效促进了行业部门引导专业教育，推动了行业高质量发展。

为进一步加强高等教育、职业教育住房和城乡建设领域学科专业教材建设工作，提高住房和城乡建设行业人才培养质量，2020年12月，住房和城乡建设部办公厅印发《关于申报高等教育职业教育住房和城乡建设领域学科专业"十四五"规划教材的通知》（建办人函〔2020〕656号），开展了住房和城乡建设部"十四五"规划教材选题的申报工作。经过专家评审和部人事司审核，512项选题列入住房和城乡建设领域学科专业"十四五"规划教材（简称规划教材）。2021年9月，住房和城乡建设部印发了《高等教育职业教育住房和城乡建设领域学科专业"十四五"规划教材选题的通知》（建人函〔2021〕36号）。为做好"十四五"规划教材的编写、审核、出版等工作，《通知》要求：(1) 规划教材的编著者应依据《住房和城乡建设领域学科专业"十四五"规划教材申请书》（简称《申请书》）中的立项目标、申报依据、工作安排及进度，按时编写出高质量的教材；(2) 规划教材编著者所在单位应履行《申请书》中的学校保证计划实施的主要条件，支持编著者按计划完成书稿编写工作；(3) 高等学校土建类专业课程教材与教学资源专家委员会、全国住房和城乡建设职业教育教学指导委员会、住房和城乡建设部中等职业教育专业指导委员会应做好规划教材的指导、协调和审稿等工作，保证编写质量；(4) 规划教材出版单位应积极配合，做好编辑、出版、发行等工作；(5) 规划教材封面和书脊应标注"住房和城乡建设部'十四五'规划教材"字样和统一标识；(6) 规划教材应在"十四五"期间完成出版，逾期不能完成的，不再作为《住房和城乡建设领域学科专业"十四五"规划教材》。

住房和城乡建设领域学科专业"十四五"规划教材的特点，一是重点以修订教育部、住房和城乡建设部"十二五""十三五"规划教材为主；二是严格按照专业标准规范要求编写，体现新发展理念；三是系列教材具有明显特点，满足不同层次和类型的学校专业教学要求；四是配备了数字资源，适应现代化教学的要求。规划教材的出版凝聚了作者、主审及编辑的心血，得到了有关院校、出版单位的大力支持，教材建设管理过程有严格保障。希望广大院校及各专业师生在选用、使用过程中，对规划教材的编写、出版质量进行反馈，以促进规划教材建设质量不断提高。

住房和城乡建设部"十四五"规划教材办公室
2021 年 11 月

前　　言

建筑信息模型（简称 BIM）技术应用近年来在我国得到了较快的发展，特别是在国家超级工程建设中发挥了信息化设计、可视化施工与精细化工程管理的重要作用，取得了可喜的成就。

BIM 技术是采用三维可视化思路与方法，编制出可以设计和修改建筑模型的软件，在计算机上实现创建建筑信息模型的现代化手段与方法。其中"Revit"是较典型的 BIM 软件。

Revit 软件采用类似于装配式建筑的设计方法，先设计出建筑物的各种虚拟构件，然后将这些构件搭建（组装）出所需的三维建筑物（模型），并且可以按施工要求导出传统的建筑施工图。

BIM 模型具有虚拟构件参数化、属性内容信息化以及建筑物数据智能化等特性，能非常方便地创建施工准备、质量安全管理、材料管理、工程量计算、成本管理等专业化建筑信息模型，所以参数化特性和不断添加属性内容的 BIM 模型，满足了建设项目从设计、交易、施工到竣工等各阶段信息化管理的需求。通过本教材内容学习，希望学员从整体上了解现阶段 BIM 技术是如何在上述各阶段工作中展开应用的，熟悉各阶段建筑信息模型应用重点以及相互之间的关系，为后续学习《Revit 应用基础》《建筑施工 BIM 技术应用》《建设项目管理 BIM 技术应用》等课程打好基础。

我们要充分认识到：BIM 技术是工具、是一项技术，是现代信息化技术手段，但不是万能的。建设工程管理类专业的院校学员还不能独立创建 BIM 模型，学习 BIM 类课程的主要目的是在工作中能使用 BIM 模型，能通过增加属性内容等操作深化 BIM 模型，能在工程管理工作岗位上用好 BIM 模型，使自己成为多面手，提升综合能力和素质。

科学技术是第一生产力，只有掌握好 BIM 等前沿技术，将来才能为建设强大社会主义国家贡献力量。作为未来建筑行业的大国工匠，同学们应该抓住时机好好学习 BIM 技术及其在工程管理中的应用方法，使自己成为高素质技术技能型人才。

本教材由四川建筑职业技术学院夏一云高级工程师、袁建新教授和深圳市中城建设工程有限公司项目经理邓勇编著。夏一云编写了第 2 章、第 3 章、第 4 章的内容，邓勇编写了第 9 章的内容，其余章节内容由袁建新编写。本教材由四川建筑职业技术学院侯兰副教授主审。教材编写过程中得到了中国建筑工业出版社的大力支持，在此表示衷心的感谢！

由于编者精力、水平有限，书中不足之处在所难免，请广大同仁、读者批评、指正，以便教材在修订时不断完善。

目　　录

1　概述 ··· 1
　1.1　BIM 的定义与产生 ··· 1
　1.2　BIM 应用现状 ··· 3
　练习题 ··· 9

2　BIM 软件简述 ·· 11
　2.1　国外建模软件 ··· 11
　2.2　国内建模软件 ··· 12
　练习题 ··· 13

3　建筑信息模型概述 ·· 14
　3.1　模型的精细程度 ··· 14
　3.2　设计和施工模型概述 ··· 15
　练习题 ··· 30

4　施工管理 BIM 应用 ·· 32
　4.1　建筑施工进度管理 ·· 32
　4.2　施工进度动态管理 ·· 34
　4.3　BIM 质量管理 ·· 38
　4.4　BIM 安全管理 ·· 43
　练习题 ··· 47

5　工程造价管理 BIM 应用 ··· 49
　5.1　概述 ·· 49
　5.2　施工图预算 BIM 应用条件 ····································· 55
　练习题 ··· 59

6　工程量计算 BIM 应用 ··· 60
　6.1　BIM 技术工程量计算依据 ······································ 60
　6.2　软件计算与手工计算工程量准备工作 ······················ 60
　6.3　手工与 BIM 模型计算工程量流程 ··························· 61
　6.4　国内工程量计算使用模型现状 ································ 62
　6.5　工程量计算准备工作举例 ······································ 62
　6.6　软件计算工程量准备工作小结 ································ 67
　6.7　模型映射 ··· 67
　6.8　应用 BIM 技术计算工程量成果举例 ························ 73
　练习题 ··· 75

7 工程造价计算 BIM 应用 ·· 76
7.1 概述 ·· 76
7.2 工程造价计算软件操作流程 ·· 78
7.3 编制工程量清单报价举例 ··· 79
练习题 ·· 85

8 成本管理 BIM 应用 ··· 86
8.1 成本管理的概念 ·· 86
8.2 成本管理的内容 ·· 86
8.3 工程造价中的成本 ·· 87
8.4 成本管理与 BIM 模型 ··· 88
练习题 ·· 94

9 竣工验收阶段及竣工结算 BIM 应用 ···························· 95
9.1 竣工验收阶段 BIM 应用内容 ··· 95
9.2 基于 BIM 的竣工结算内容 ·· 95
9.3 竣工结算 BIM 应用 ·· 97
练习题 ·· 99

10 智能建造 BIM 应用 ·· 100
10.1 智能建造概述 ··· 100
10.2 智能建造项目设计 BIM 应用 ······································ 100
10.3 智能建造工程量计算 BIM 应用 ··································· 101
10.4 智能建造施工 BIM 应用 ··· 102
10.5 建筑机器人 BIM 应用 ··· 105
10.6 智能建造工程项目成本管理 BIM 应用 ························ 109
练习题 ·· 110

参考文献 ·· 112

1 概　　述

1.1　BIM 的定义与产生

1.1.1　国家标准 BIM 定义

1. 《建筑信息模型施工应用标准》GB/T 51235—2017 对 BIM 的定义

建筑信息模型 Building Information Modeling（BIM），是在建设工程及设施全生命周期内，对其物理和功能特性进行数字化表达，并依此设计、施工、运营的过程和结果的总称（简称模型）。

什么是BIM

2. 认识

通俗地讲，如果要修建一幢办公大楼，可以在动工前事先在计算机上建一个虚拟办公楼，虚拟建筑中的每一根梁、每一根柱、每一扇门窗都与真实的办公楼完全对应，即虚拟建筑物上的每一个构件的所有数据信息与将来建造的办公楼的构件数据信息是完全一致的。

这里的所有数据信息包括构件的长宽高尺寸、面积、体积、长度、质量等物理特性数据以及混凝土类型、强度等级、单价、门窗的材质、尺寸、开启方式、供应商等数据信息。例如，已经建成的上海中心塔冠的钢材型号、型钢长度、型钢质量、塔冠形状等物理尺寸及内容与塔冠的 BIM 模型是一一对应的，如图 1-1、图 1-2 所示。

图 1-1　上海中心塔冠 BIM 模型

图 1-2　上海中心塔冠实物

施工现场布置是否合理，塔式起重机位置安排是否得当等都可以通过模型的模拟来确定，甚至通过模拟来改正错误的地方，从而保证工期与质量。

通过 BIM 技术来实现建筑工程项目的高效、优质、低耗、环保等目标，建筑信息模型起到了很大的作用。例如，上海中心施工现场塔式起重机布置的 BIM 模型与设计施工现场的布置如图 1-3、图 1-4 所示。

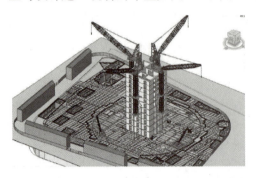

图 1-3　上海中心施工现场布置 BIM 模型

图 1-4　上海中心施工现场

1.1.2　国外 BIM 定义

1. 美国国家 BIM 标准委员会的 BIM 定义

（1）BIM 是一个建设项目物理和功能特性的数字描述；

（2）BIM 是一个共享的知识资源，能够分析建设项目的信息。为该项目全生命周期中的决策管理提供可靠的依据；

（3）在项目的不同阶段，各参与方可在 BIM 中插入、提取、更新和修改信息，以支持和反映各方职责范围内协同作业。

2. Autodesk 的 BIM 定义

建筑信息模型是指建筑物在设计和建造过程中，创建和使用的"可计算数字信息"。而这些数字信息能够被程序系统自动管理，使得经过这些数字信息所计算出来的各种文件，自动地具有吻合、一致性的特性。

3. 国际标准组织设施信息委员会的 BIM 定义

在开放的工业标准下对设施的物理和功能特性及其相关的项目生命周期信息的可计算或可运算的形式表现，从而为决策提供支持，以便更好地实现项目的价值。

1.1.3　建筑信息模型（BIM）的产生

模型是实物的抽象，建筑模型则是建筑物的抽象，其目的是在建造建筑物之前观察和操作模型，理解和分析拟建建筑物是否满足用户的功能需求，检验拟建建筑物的可建造性、技术上的可能性。

由于建筑信息模型在对建筑物的抽象过程中省略了非本质特征的细节，应用模型来模拟真实的建筑物是一件省时省力低成本的工作，因而在建筑业得到了广泛的应用。

BIM 的最早应用起源于美国。1975 年美国的查可·伊斯特曼（Chuck Eastman）教授提出了 BIM 的概念："建筑信息建模集成了所有的几何特征和功能要求，并将行为信息集成到一个关于构建项目生命周期的单个相关描述中。它还包含处理施工进度和制造过程的过程信息。"

1975 年后的二十多年里，关于 BIM 的理论研究在世界各国得到了迅速发展。

1986 年美国学者罗伯特·艾使（Robert Aish）提出了和 BIM 非常接近的"Building Modeling"概念及三维建模、施工进度模拟等我们今天所知的 BIM 相关技术。

但由于当时的计算机硬件与软件的水平都非常有限，BIM 没有在实践中得到应用。直到 2002 年，Autodesk 公司提出 BIM 并推出了自己的 BIM 软件 Autodesk Revit 产品，此后全球另外两个大软件开发商 Bentley 推出"Bentley Microstation"及 Graphisoft 推出"ArchiCAD"等 BIM 产品。从此 BIM 从一种理论思想变成了用来解决实际问题的数据化的工具和方法，BIM 技术在全球范围内得到了迅速的推广应用。

从 2002 年 BIM 软件的推出到现在，人们对 BIM 的认识也深入了很多，不少学者主张 BIM 应当包含三个方面的含义：

BIM 第一方面的含义是 Building Information Model，即把建筑信息整合在一起的信息化电子模型，即三维 BIM 信息模型，这是共享信息的资源；

BIM 第二方面的含义是 Building Information Modeling，是不断完善和应用信息化电子模型的行为过程，设计、施工等有关各方按照各自职责对模型输入、提取、更新和修改信息，用于支持各自应用的需要；

BIM 第三方面的含义是 Building Information Management，是一个信息化的协同工作环境，在这个环境中的各方可以交换、共享项目信息，并通过分析信息，作出决策或改善现状，使项目得到有效管理。

1.2 BIM 应用现状

1.2.1 对 BIM 的认识

1. BIM 处于初级阶段

目前的 BIM 软件虽然有三维直观性、数据信息共享性、数据易修改与维护性以及参数化等特点，在建设工程实施中体现了其优点及价值。但是应该认识到 BIM 技术应用还处于初级阶段，还没有达到万能的地步，所以我们应该有正确的认识。

BIM 作为人类的一种建筑活动，是基于人类有限认识的一种有限描述，是一种工程语言而不是客观现象，是在特定时期内、特定技术水平的特定人群、用特定的语言在一定的范围内、用特定的方法描述工程对象的活动。

当代的 BIM 是基于当前的计算机图形学发展水平和软件工程的发展水平上建立的，是在建模思想与当前主流数据库系统以及当前人类的认识水平与信息处理能力的条件下，产生的对建筑产品设计、生产、维护的描述语言。

有了这样的认识，就较容易理解，目前还很难用一个模型从规划阶段逐步传递到设计、施工与运维阶段，很多关键的相关技术还处于发展阶段。例如在项目管理领域的各个方面应用还不理想，可能还需要通过几代人的努力，才能在下一代 BIM 软件中实现。

2. 对 BIM 的认识

对于工程实践者而言，BIM 至少需要两个基本功能：一是能够界定 BIM 或者

BIM 软件的范围，能够更加清晰地定义判断任意一个软件是或者不是 BIM 软件，从而走出所有三维建筑软件都自称 BIM 软件的不透明误区；二是能够确定 BIM 软件的工作边界，即能够据此判断 BIM 软件能做什么与不能做什么，哪些事情适合用 BIM 来完成，哪些事情不适合 BIM 来做，从而跳出 BIM 万能论或者 BIM 无用论的误区。

美国学者查可·伊斯特曼在《BIM 手册》（BIM Handbook）一书中对 BIM 软件的边界作出了一定的划分，指出以下四种建模技术不属于 BIM：

(1) 只包含 3D 数据而没有（或很少）对象属性的模型；
(2) 不支持行为的模型；
(3) 由多个定义建筑物的二维 CAD 参考文件生成的模型；
(4) 在同一视图上更改尺寸而不会自动反映在其他视图上的模型。

我国学者对 BIM 进行了较深入的研究，例如有的学者提出 BIM 的定义是：当代的建筑信息模型是采用参数化特征建模技术创建的、用建筑业知识与规划组织数据的、以面向建筑构件对象为核心的建筑产品数据库，具有输出二维矢量图纸、三维实体模型及构件明细表等多种视图并利用这些视图操作修改产品数据库的能力。

这个定义认为建筑信息模型应该具有以下特点：

(1) 建筑信息模型的实质是一个数据库。二维、三维、四维甚至 N 维模型都只是这个数据库的表达形式（即视图）或应用，这个数据库可以被不同的应用程序读取、加工处理，产生多种工程应用。

(2) 这个数据库仅仅以产品模型为主，而不是完整的工程数据库，是工程项目数据库的一个子集，因而不具备包罗万象的功能，这是由当前 BIM 建模软件的实际发展水平决定的。

(3) 这个数据库是用参数化特征建模技术创建的，参数化建模的基本特点是基于特征、全尺寸约束、全数据相关与尺寸驱动设计修改。其中，基于特征是指 BIM 模型中不仅包含几何信息，也包含材料、工艺、管理等非几何信息，而且可以向构件对象添加用户任意自定义信息，是 BIM 建模软件的关键技术。

(4) 这个数据库以建筑构件为单位组织管理信息。这决定了数据库管理粒度只能达到这一层，混凝土、水泥砂浆、涂料等信息仅仅是以属性的形式附于这些构件上，不具备独立的行为，这是当前 BIM 建模软件实际能达到的水平。目前的建模软件还不能以参数化技术对分部工程进行建模，只能通过构件或者零件的集合方式处理，所以当代 BIM 建模软件在方案设计、概念设计阶段的能力有限，软件对自上而下的设计支持能力有限，模型从方案设计、初步设计逐步传递到施工图设计的难度较大。

(5) 这个数据库内嵌了建筑业的知识与规则，数据按建筑行业规则组织；另一方面，在建筑智能支持下，当用户删除了模型中的一道墙时，软件会自动删除墙上的门窗；当用户提升了板高度时，下方的墙与柱会自动伸长相应的高度。

1.2.2 国家颁发的 BIM 应用标准

系列 BIM 应用标准颁发是 BIM 应用状况的具体体现，近年来随着我国 BIM 应用的需求和国家推广 BIM 应用的力度加大，国家相继颁发了一系列 BIM 应用标准，促进了建筑业 BIM 应用的快速发展。

2012 年，住房和城乡建设部《关于印发 2012 年工程建设标准规范制订、修订计划的通知》（建标〔2012〕5 号）计划编制的 BIM 应用标准包括《建筑信息模型应用统一标准》《建筑信息模型存储标准》《建筑工程设计信息模型交付标准》《建筑工程设计信息模型分类和编码标准》《制造工业工程设计信息模型应用标准》。

目前，相关各技术标准近年来均已颁发，只不过个别标准名称有细微变动。

近年来国家颁发的 BIM 标准（除行业标准《建筑工程设计信息模型制图标准》）见表 1-1。

建筑信息模型（BIM）标准列表　　　　　　表 1-1

序号	标准编号	标准名称	适用范围
1	GB/T 51212—2016	建筑信息模型应用统一标准	适用于建设工程全生命期内建筑信息模型的创建、使用和管理
2	GB/T 51269—2017	建筑信息模型分类和编码标准	适用于民用建筑及通用工业厂房建筑信息模型中信息的分类和编码
3	GB/T 51235—2017	建筑信息模型施工应用标准	适用于施工阶段建筑信息模型的创建、使用和管理
4	GB/T 51301—2018	建筑信息模型设计交付标准	适用于建筑工程设计中应用建筑信息模型建立和交付设计信息，以及各参与方之间和参与方内部信息传递的过程
5	GB/T 51362—2019	制造工业工程设计信息模型应用标准	适用于制造工业新建、扩建、改建、技术改造和拆除工程项目中的设计信息模型应用
6	GB/T 51447—2021	建筑信息模型存储标准	适用于建筑工程全生命期各个阶段的建筑信息模型数据的存储和交换，并适用于建筑信息模型应用软件输入和输出数据通用格式及一致性的验证
7	JGJ/T 448—2018	建筑工程设计信息模型制图标准	适用于新建、扩建和改建的民用建筑及一般工业建筑设计的信息模型制图

1.2.3　BIM 应用指导文件

1. 2013 年住房和城乡建设部文件

2013 年 8 月 29 日，住房和城乡建设部印发《关于征求关于推荐 BIM 技术在建筑领域应用的指导意见（征求意见稿）意见的函》提出：

2016 年以前政府投资的 2 万平方米以上大型公共建筑以及省报绿色建筑项目的设计、施工采用 BIM 技术；截至 2020 年，完善 BIM 技术应用标准、实施指南，形成 BIM 技术应用标准和政策体系。

2. 2014 年住房和城乡建设部文件

2014 年 7 月 1 日，《住房和城乡建设部关于推进建筑业发展和改革的若干意见》（建市〔2014〕92 号）提出：

推进建筑信息模型（BIM）等信息技术在工程设计、施工和运行维护全过程的应用，提高综合效益。推广建筑工程减隔震技术。探索开展白图替代蓝图、数字化审图等工作。

3. 2015年住房和城乡建设部文件

2015年6月16日，《住房和城乡建设部关于印发推进建筑信息模型应用指导意见的通知》（建质函〔2015〕159号）指出：

BIM是在计算机辅助设计（CAD）等技术基础上发展起来的多维模型信息集成技术，是对建筑工程物理特征和功能特性信息的数字化承载和可视化表达。

BIM能够应用于工程项目规划、勘察、设计、施工、运营维护等各阶段，实现建筑全生命期各参与方在同一多维建筑信息模型基础上的数据共享，为产业链贯通、工业化建造和繁荣建筑创作提供技术保障；支持对工程环境、能耗、经济、质量、安全等方面的分析、检查和模拟，为项目全过程的方案优化和科学决策提供依据；支持各专业协同工作、项目的虚拟建造和精细化管理，为建筑业的提质增效、节能环保创造条件。

信息化是建筑产业现代化的主要特征之一，BIM应用作为建筑业信息化的重要组成部分，必将极大地促进建筑领域生产方式的变革。

到2020年末，建筑行业甲级勘察、设计单位以及特级、一级房屋建筑工程施工企业应掌握并实现BIM与企业管理系统和其他信息技术的一体化集成应用。

到2020年末，在新立项项目勘察设计、施工、运营维护中，集成应用BIM的项目比率达到90%。

4. 2016年住房和城乡建设部文件

2016年8月23日，《住房城乡建设部关于印发2016—2020年建筑业信息化发展纲要的通知》（建质函〔2016〕183号）指出：

对于勘察设计类企业要推进信息技术与企业管理深度融合，加快BIM普及应用，实现勘察设计技术升级，强化企业知识管理，支撑智慧企业建设。

对于施工类企业要加强信息化基础设施建设，推进管理信息系统升级换代，拓展管理信息系统新功能。

对于工程总承包类企业要优化工程总承包项目信息化管理和提升集成应用水平，推进"互联网＋"协同工作模式，实现全过程信息化。

对于建筑市场监管要求深化行业诚信管理信息化，加强电子招投标的应用，推进信息技术在劳务实名制管理中应用。

对于工程建设监管要求建立完善数字化成果交付体系，加强信息技术在工程质量安全管理中的应用，推进信息技术在工程现场环境、能耗监测和建筑垃圾管理中的应用。

1.2.4 我国BIM应用典型工程项目

1. 上海中心大厦

上海中心大厦2016年竣工，建筑面积43万m^2，高度632m。BIM模型如图1-5所示，上海中心大厦建筑如图1-6所示。

1 概述

图 1-5　上海中心大厦 BIM 模型　　　图 1-6　上海中心大厦建筑

2. 北京中信大厦

北京中信大厦 2019 年竣工，建筑面积 43.7 万 m^2，高度 528m。BIM 模型如图 1-7 所示，北京中信大厦建筑如图 1-8 所示。

图 1-7　北京中信大厦 BIM 模型　　　图 1-8　北京中信大厦建筑

3. 上海"四叶草"国家会展中心

上海"四叶草"国家会展中心 2014 年竣工，建筑面积 147 万 m^2，是目前世界上最大的建筑单体和会展综合体。BIM 模型如图 1-9 所示，上海"四叶草"国家会展中心建筑如图 1-10 所示。

图 1-9　上海"四叶草"国家会展中心 BIM 模型　　图 1-10　上海"四叶草"国家会展中心建筑

4. 上海迪士尼乐园奇幻童话城堡

2016 年营业的上海迪士尼乐园奇幻童话城堡应用 BIM 技术。BIM 模型如图 1-11 所示，迪士尼乐园奇幻童话城堡建筑如图 1-12 所示。

图 1-11　上海迪士尼乐园奇幻童话城堡 BIM 模型　　图 1-12　上海迪士尼乐园奇幻童话城堡建筑

5. 天津国家海洋博物馆

天津国家海洋博物馆 2019 年竣工，建筑面积 8 万 m^2。天津国家海洋博物馆 BIM 模型如图 1-13 所示，天津国家海洋博物馆建筑如图 1-14 所示。

图 1-13　天津国家海洋博物馆 BIM 模型　　图 1-14　天津国家海洋博物馆建筑

练习题

一、简答题

1. 简述 BIM 的定义。
2. 目前的 BIM 软件有哪些特点？
3. 当代的 BIM 是基于什么工程的发展水平上建立的？
4. BIM 定义的两个基本功能是什么？
5. 指出有哪四种建模技术不属于 BIM？
6. 你了解的 BIM 建模软件有哪些？举例说明并阐述为什么？
7. 说明什么是翻模？举例说明。
8. 简述 BIM 技术的三维可视化。
9. 阐述你对 BIM 模型参数化的理解。
10. 《关于推进建筑信息模型应用的指导意见》于哪一年发布？主要内容是什么？
11. BIM 的概念起源于哪个国家？
12. 造价工程师能开发 BIM 软件吗？为什么？
13. BIM 第一方面的含义是什么？
14. 你学习这门课程想增加哪些知识和技能？

二、单项选择题

1. BIM 是一种（　　）。
   A. 语言　　　　　　　　　　B. 工程语言
   C. 对话语言　　　　　　　　D. 描述语言
2. BIM 模型具有（　　）。
   A. 可见特征　　　　　　　　B. 变化特征
   C. 可修改特征　　　　　　　D. 参数化特征
3. BIM 软件都能够支持（　　）。
   A. 特定格式　　　　　　　　B. 开始格式
   C. 结束格式　　　　　　　　D. 中间格式
4. BIM 软件都支持的中间格式应该是（　　）。
   A. IFC 格式　　　　　　　　B. PDF 格式
   C. DOC 格式　　　　　　　 D. RVT 格式
5. 解决专业问题的软件设计离不开（　　）。
   A. 经验总结　　　　　　　　B. 大学学历
   C. 软件培训　　　　　　　　D. 计算机

三、多项选择题

1. 当代的 BIM 是基于当前的（　　）。
   A. 软件工程的发展水平建立的　　B. 计算机语言
   C. 计算机操作系统　　　　　　　D. 计算机图形学发展水平建立的

2. 指出以下哪几种建模技术不属于 BIM（   ）。
A. 只包含 3D 数据而没有（或很少）对象属性的模型
B. 不支持行为的模型
C. 由多个定义建筑物的二维 CAD 参考文件生成的模型
D. 用 Revit 建的模型

2 BIM 软件简述

2.1 国外建模软件

1. Revit

Revit 是美国 Autodesk 公司一套系列软件的名称。Revit 系列软件是为建筑信息模型（BIM）构建的，可帮助建筑设计师设计、建造和维护质量更好、能效更高的建筑。Revit 是我国建筑业 BIM 体系中使用最广泛的软件之一。

Revit 具有强大的体量创建、自适应族的建筑复杂造型功能，这一特点，对于异形曲面设计来说，有几方面的优势：

1) 建模自由，可使用拉伸、旋转、放样、布尔等多种手段进行建模，不规则曲面建模也没有问题；

2) 引入 SketchUp 的推拉方式，操作方便；

3) 建出来的体量，不管是直面或曲面，都可以直接拾取变成墙体、幕墙或屋顶；

4) 体量模型直接设楼层高度，直接可以得出平面，也可以扩展到导入的其他 3D 模型。

Revit 的优点在于参数化，各种建筑信息均可导入，包括墙体结构，楼板结构，门窗族设定好一键载入、一键放置，平面生成也很精准，参数设定好还可以导出粗略的节点图；Revit 的优势在于建筑设计推敲和机电优化，单纯完成建筑模型和图纸速度是 SU+CAD 的 3 倍以上；在后期阶段，当设计已经定型，利用 Revit 可以进行细节深化以及图纸绘制，所有内容自动更新，非常方便，极大地提高了工作效率，也节省了设计的时间成本。

2. ArchiCAD

ArchiCAD 是图软（Graphisoft）公司于 1982 年在匈牙利首都布达佩斯创建的。ArchiCAD 作为一款最早的建模软件，历史更长，积累更好，能出非常美观的图档，支持多核工作，而且速度还快过 CAD，较受最开始接触三维软件的建筑师欢迎。

此外，ArchiCAD 不同于原始的二维平台及其他三维建模软件，它能够利用 ArchiCAD 虚拟建筑设计平台创建的虚拟建筑信息模型进行高级解析与分析，如绿色建筑的能量分析、热量分析、管道冲突检验、安全分析等。

3. Rhino

Rhino 是美国 RobertMcNeel&Assoc 公司开发的一款电脑辅助非线性造型软件。Rhino 具有和 CAD 一样的命令行输入方式，可以进行 2D 和 3D 的图形绘制，且有极强的各种高阶数学图形、各种函数曲线和曲面绘制能力。

Rhino 对于曲面有更好的掌控性，可以方便地推拉曲线控制点；此外，对于有完整图纸的模型来说，Rhino 的建模速度很快，不需要推敲的情况下 Rhino 可以迅速从线框拉成面，然后偏移生成墙体，而且在 Rhino 里面，三维空间的调整可以更容易地做到，在几个窗口确定下点位或者用操作轴操作即可。

4. CATIA

CATIA 是法国达索公司的产品开发的 CAD/CAE/CAM 一体化软件，是英文 Computer Aided Tri-Dimensional Interface Application（计算机辅助三维应用程序接口）的缩写。

它的内容涵盖了产品从概念设计、工业设计、三维建模、分析计算、动态模拟与仿真、工程图的生成到生产加工成产品的全过程，其中还包括了大量的电缆和管道布线、各种模具设计和分析、人机交互等实用模块。在 CATIA 的设计环境中，无论是实体还是曲面，做到了真正的交互操作。CATIA 不但能够保证企业内部设计部门之间的协同设计功能，而且还可以提供企业整个集成的设计流程和端对端的解决方案。

5. Bentley

美国 Bentley 软件公司的 Bentley 软件作为 BIM 技术应用软件在工程上可应用的范围很广。它具有能在三维环境中精确绘图、独特的参考功能、优良的兼容功能、友好的操作界面、完整的软件体系和统一的数据平台等优点。中国用户尤其是从事基础设施设计工作的很多用户使用 Bentley 软件。

6. Tekla（别名 Xsteel）

Tekla 是芬兰 Tekla 公司开发的钢结构详图设计软件，它是通过先创建三维模型再自动生成钢结构详图和各种报表来达到方便视图的功能。

由于图纸与报表均以模型为准，而在三维模型中操作者很容易发现构件之间连接有无错误，所以它保证了钢结构详图深化设计中构件之间的正确性。同时 Xsteel 自动生成的各种报表和接口文件（数控切割文件），可以服务（或在设备直接使用）于整个工程。它创建了新方式的信息管理和实时协作。Tekla 公司在提供革新性和创造性的软件解决方案方面处于世界领先的地位。

2.2 国内建模软件

1. 国内建模软件特点

国内目前有一些建模功能的软件，主要有"斯维尔三维算量""鲁班三维算量""广联达三维算量""鹏业三维算量"等。

建模软件的源头使用人是建筑师，所以建模技能是非常专业的技能，需要专业知识和方法，需要经过专业学习的建筑师和结构工程师来完成。

国内的建模软件不是原创施工图设计软件，是根据 CAD 施工图的数据信息重新录入软件的工作过程，所以这项工作应该被称为"翻模"，而不是"建模"。

2. 翻模

采用设计单位交付的 CAD 施工图，用软件建立和深化为建筑信息模型，俗称

"翻模"。

依据 CAD 图纸，应用翻模软件，根据要求输入各种相关数据，将二维平面图翻模为三维立体建筑物。

将 CAD 图翻为建筑信息模型，有专门的软件，例如"品茗 BIM 智能建模翻模""uniBIM""晨曦 BIM 智能翻模""橄榄山翻模"等软件。也有与算量软件合为一体的翻模软件，即具有翻模功能的算量软件，例如"三维算量 For CAD""鲁班三维算量""广联达三维算量"等软件。

3. 翻模的局限性

目前，大多数设计单位都是交付的 CAD 图，所以各软件公司都开发了将 CAD 图"翻为"建筑信息模型的软件。由于没有标准，各软件公司依据 CAD 图翻模出来的建筑信息模型的格式没有统一标准，因此各软件翻出来的模型不能通用，没有通用性。

练习题

简答题

1. Revit 建模软件有哪些特点？
2. Rhino 建模软件有哪些优点？
3. CATIA 软件涵盖了哪些内容？
4. CATIA 软件有哪些特点？
5. 什么是建模？
6. 什么是翻模？
7. 建模与翻模有什么区别？

3 建筑信息模型概述

3.1 模型的精细程度

计算工程量的建筑信息模型需要具备较多的数据与信息。《建筑信息模型设计交付标准》GB/T 51301—2018 中对建筑信息模型作了如下要求：

1. 建筑信息模型所包含的模型单元应分级建立，分级应符合表 3-1 的规定。

模型单元的分级　　　　　　　　　　　　　表 3-1

模型单元分级	模型单元用途
项目级模型单元	承载项目、子项目或局部建筑信息
功能级模型单元	承载完整功能的模块或空间信息
构件级模型单元	承载单一的构配件或产品信息
零件级模型单元	承载从属于构配件或产品的组成零件或安装零件信息

2. 建筑信息模型精细度划分

建筑信息模型包含的最小模型单元应由模型精细度等级来衡量，其等级划分应符合表 3-2 的规定。另外，根据项目对模型精细度应用要求，可以在基本精细度等级之间扩充模型精细度等级。

模型精细度基本等级划分　　　　　　　　　　表 3-2

等级	英文名	代号	包含的最小模型单元
1.0级模型精细度	Level of Model Definition 1.0	LOD1.0	项目级模型单元
2.0级模型精细度	Level of Model Definition 2.0	LOD2.0	功能级模型单元
3.0级模型精细度	Level of Model Definition 3.0	LOD3.0	构件级模型单元
4.0级模型精细度	Level of Model Definition 4.0	LOD4.0	零件级模型单元

考虑到多种交付情况，模型单元划分为四个级别。

项目级模型单元可描述项目整体和局部；功能级模型单元由多种构配件或产品组成，可描述诸如手术室、整体卫浴等具备完整功能的建筑模块或空间；构件级模型单元可描述墙体、梁、电梯、配电柜等单一的构配件或产品。

多个相同构件级模型单元也可成组设置，但仍然属于构件级模型单元；零件级模型单元可描述钢筋、螺钉、电梯导轨、设备接口等不独立承担使用功能的零件或组件。模型单元会随着工程的发展逐渐趋于细微。模型单元可具有嵌套关系，低级别的模型单元可组合成高级别模型单元。

尽管有一些争议，然而鉴于"模型精细度"（LOD）是比较普遍的概念，GB/T 51301 采纳了这个说法，这样更有利于顺畅地理解建筑信息模型的发展程度。为了规避版权风险，将 LOD 等级命名为 LOD1.0、LOD2.0、LOD3.0 和 LOD4.0，也就是将建筑信息模型划分为四个等级的精细度。

3.2 设计和施工模型概述

施工图设计
BIM应用

设计单位交付的模型称为"设计模型",经过施工中深化设计的模型称为"施工模型"。

3.2.1 设计模型

为提高建筑信息模型的应用水平,《建筑信息模型设计交付标准》GB/T 51301—2018 制定了建筑工程设计中应用建筑信息模型建立和交付设计信息标准的内容。通过对标准内容的了解,理解建筑信息模型的基本内容。

1. 模型架构和精细度

建筑信息模型所包含的模型单元应分级建立,可嵌套设置,分级应符合表 3-1 的规定。

2. 模型精细度基本等级划分

建筑信息模型包含的最小模型单元应由模型精细度等级衡量,模型精细度基本等级划分应符合表 3-2 的规定。根据工程项目的应用需求,可在基本等级之间扩充模型精细度等级。

3. 几何表达精度的等级划分

几何表达精度的等级划分应符合表 3-3 的规定。

几何表达精度的等级划分　　　　　　　　　表 3-3

等级	英文名	代号	几何表达精度要求
1级几何表达精度	Level 1 of Geometric Detail	G1	满足二维化或者符号化识别需求的几何表达精度
2级几何表达精度	Level 2 of Geometric Detail	G2	满足空间占位、主要颜色等粗略识别需求的几何表达精度
3级几何表达精度	Level 3 of Geometric Detail	G3	满足建造安装流程、采购等精细识别需求的几何表达精度
4级几何表达精度	Level 4 of Geometric Detail	G4	满足高精度渲染展示、产品管理、制造加工准备等高精度识别需求的几何表达精度

4. 模型单元信息深度等级的划分

模型单元信息深度等级的划分应符合表 3-4 的规定。

模型单元信息深度等级的划分　　　　　　　　　表 3-4

等级	英文名	代号	几何表达精度要求
1级信息深度	Level 1 of Information Detail	N1	宜包含模型单元的身份描述、项目信息、组织角色等信息
2级信息深度	Level 2 of Information Detail	N2	宜包含和补充 N1 等级信息、增加实体系统关系、组成及材质、性能或属性等信息
3级信息深度	Level 3 of Information Detail	N3	宜包含和补充 N2 等级信息,增加生产信息、安装信息
4级信息深度	Level 4 of Information Detail	N4	宜包含和补充 N3 等级信息,增加资产信息和维护信息

5. 模型交付深度

模型交付的深度应符合下列规定：

（1）应符合项目级、功能级和构件级模型单元的模型精细度要求；

（2）应符合项目级和功能级模型单元的信息深度要求；

（3）应符合构件级和零件级模型单元的几何表达精度和信息深度要求。

6. 项目参与方使用建筑信息模型的复核要求

项目参与方在使用建筑信息模型时，应识别和复核下列信息：

（1）模型单元的系统类别及其编码；

（2）模型单元属性的分类、名称及其编码；

（3）模型单元的属性值；

（4）模型单元属性值的计量单位；

（5）模型单元属性值的数据来源。

7. 模型交付精细度

设计阶段交付和竣工移交的模型单元模型精细度宜符合下列规定：

（1）方案设计阶段模型精细度等级不宜低于 LOD 1.0；

（2）初步设计阶段模型精细度等级不宜低于 LOD 2.0；

（3）施工图设计阶段模型精细度等级不宜低于 LOD 3.0；

（4）深化设计阶段模型精细度等级不宜低于 LOD 3.0，具有加工要求的模型单元模型精细度不宜低于 LOD 4.0；

（5）竣工移交的模型精细度等级不宜低于 LOD 3.0。

8. 模型单元属性分类

相关标准规定了各模型单元应该包含哪些属性信息。模型单元属性分类（摘录）见表 3-5。

模型单元属性分类（摘录）　　　　　表 3-5

信息深度	属性分类	分类代号	属性组代号	常见属性组	宜包含的属性信息
N3	技术信息	TC	TC-100	构造尺寸	长度、宽度、高度、厚度、深度等主要方向上的特征
			TC-200	组件构成	主要组件名称、材质、尺寸等属性
			TC-300	设计参数	系统性能、产品设计性能
			TC-400	技术要求	材料要求、施工要求、安装要求等

9. 结构工程对象模型单元交付深度

结构工程对象模型单元交付深度（摘录）应符合表 3-6 的要求。

结构工程对象模型单元交付深度（摘录）　　　　　表 3-6

工程对象		方案设计	初步设计	施工图设计	深化设计	竣工移交
基础	独立基础	—	G2/N1	G2/N2	G3/N3	G3/N4
	条形基础	—	G2/N1	G2/N2	G3/N3	G3/N4
	筏板基础	—	G2/N1	G2/N2	G3/N3	G3/N4
	桩基础	—	G2/N1	G2/N2	G3/N3	G3/N4
	防水板	—	G1	G2/N2	G3/N3	G3/N4
	承台	—	G2/N1	G2/N2	G3/N3	G3/N4
	锚杆	—	G1	G2/N2	G3/N3	G3/N4
	挡土墙	—	G2/N1	G2/N2	G3/N3	G3/N4

10. 设计模型单元宜包含属性信息举例
(1) 某框架结构工程结构模型如图 3-1 所示。
(2) 现浇独立基础模型"族"的数据信息（一）如图 3-2 所示。

"族"如何构建为BIM模型

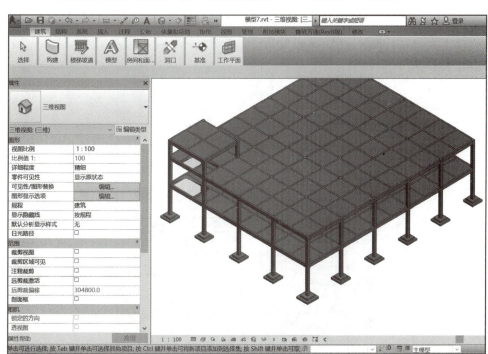

图 3-1　某框架结构工程结构模型

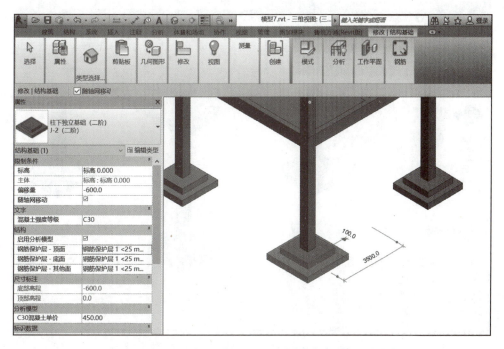

图 3-2　现浇独立基础模型"族"的数据信息（一）示意图

图 3-2 中左侧表内的数据信息如图 3-3 所示。

(3) 现浇独立基础模型"族"的数据信息（二）如图 3-4 所示。

图 3-4 中左侧表内的数据信息如图 3-5 所示。

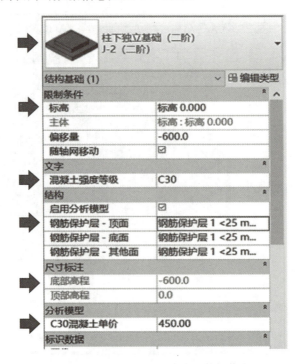

图 3-3　图 3-2 中左侧表内的数据信息

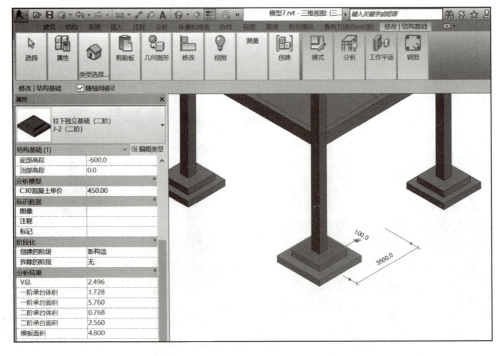

图 3-4　现浇独立基础模型"族"的数据信息（二）示意图

3 建筑信息模型概述

阶段化	
创建的阶段	新构造
拆除的阶段	无
分析结果	
V总	2.496
一阶承台体积	1.728
一阶承台面积	5.760
二阶承台体积	0.768
二阶承台面积	2.560
模板面积	4.800

图 3-5　图 3-4 中左侧表内的数据信息

（4）独立基础尺寸属性如图 3-6 所示。

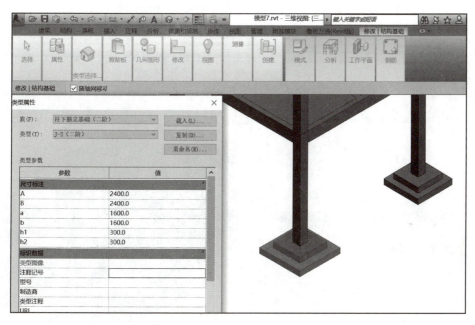

图 3-6　独立基础尺寸属性示意图

图 3-6 中左侧表内的数据信息如图 3-7 所示。

类型参数	
参数	值
尺寸标注	
A	2400.0
B	2400.0
a	1600.0
b	1600.0
h1	300.0
h2	300.0

图 3-7　图 3-6 中左侧表内的数据信息

图 3-6 中的尺寸数据对应独立基础模型边长和高度的位置如图 3-8 所示。

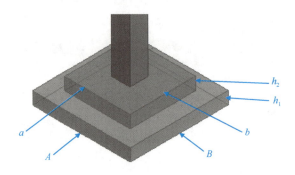

图 3-8 独立基础模型边长和高度尺寸示意图

（5）独立基础模型尺寸修改后全部基础联动

双柱二阶独立基础模型第一阶长度尺寸为 4.8m，如图 3-9 所示。

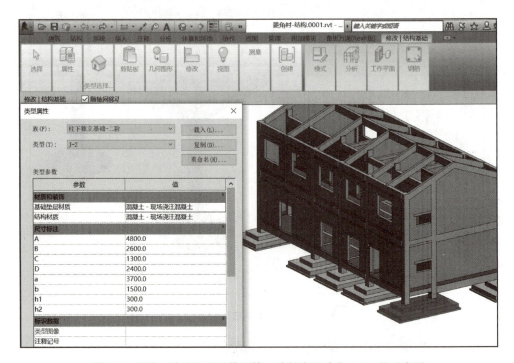

图 3-9 双柱二阶独立基础模型第一阶长度尺寸为 4.8m 的示意图

双柱二阶独立基础第一阶长度尺寸修改为 6.8m 后，该模型的全部双柱独立基础的第一阶长度自动（联动）修改完成，如图 3-10 所示。

3.2.2 施工模型

《建筑信息模型施工应用标准》GB/T 51235—2017 指出，施工模型可包括深化设计模型、施工过程模型和竣工验收模型。

施工模型应根据 BIM 应用相关专业和任务的需要创建，其模型细度应满足深化设计、施工过程和竣工验收等任务的要求。

3 建筑信息模型概述

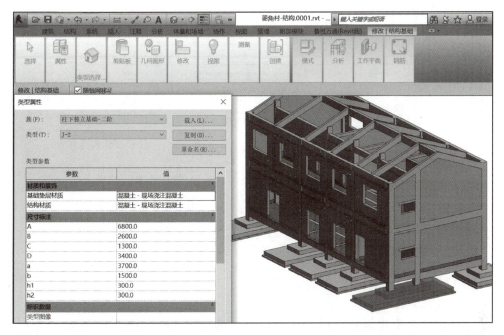

图 3-10 双柱二阶独立基础模型第一阶长度尺寸为 6.8m 的示意图

施工模型宜按统一的规则和要求创建。当按专业或任务分别创建时，各模型应协调一致，并能够集成应用。

深化设计模型宜在施工图设计模型基础上，通过增加或细化模型元素等方式进行创建。

竣工验收模型宜在施工过程模型的基础上，根据工程项目竣工验收要求，通过修改、增加或删除相关信息创建。

当工程发生变更时，应更新施工模型、模型元素及相关信息，并记录工程及模型的变更。

模型或模型元素的增加、细化、拆分、合并、集成等操作后应进行模型的正确性和完整性检查。

工程造价、成本管理模型细化，主要增加非几何信息的内容。

1. 深化设计模型

土建深化设计是在交付的施工图设计模型上进行的工作，如图 3-11 所示。

按照《建筑信息模型设计交付标准》GB/T 51301—2018 要求，建筑信息模型设计交付主要包括：建筑信息模型、属性信息表、工程图纸（包括电子工程图纸文件）、建筑指标表、模型工程量清单等。

需求方收到的建筑信息模型其精度不能完全达到指导施工、工程量计算、质量与安全管理等的要求，还要进行进一步细化，即深化设计。

深化设计工作类似于传统施工图放大样的基本工作，只不过建筑信息模型深化设计不仅包括几何图形的深化，还包括非几何信息的添加与深化。

混凝土结构的建筑信息模型深化设计工作主要包括：二次结构设计、节点设

BIM模型深化

BIM 应用概论

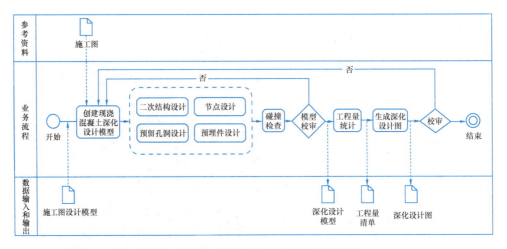

图 3-11 土建深化设计 BIM 应用流程图

计、预留孔洞设计、预埋件设计等工作内容。

2. 二次结构设计

装配式混凝土建筑中的 PC 墙、叠合板、叠合梁、PC 楼梯等结构构件深化设计，如图 3-12 所示。

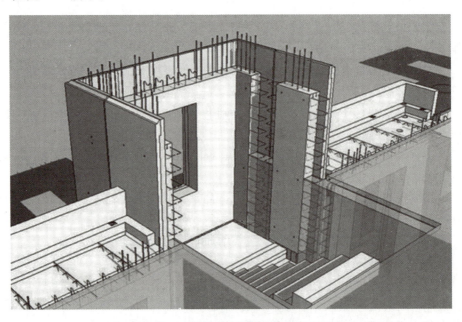

图 3-12 装配式混凝土建筑结构深化设计示意图

3. 节点设计

装配式混凝土建筑叠合梁相交钢筋布置与混凝土二次现浇的深化设计，如图 3-13 所示。

4. 预留孔洞设计

建筑物墙上预留孔洞设计示意如图 3-14、图 3-15 所示。

22

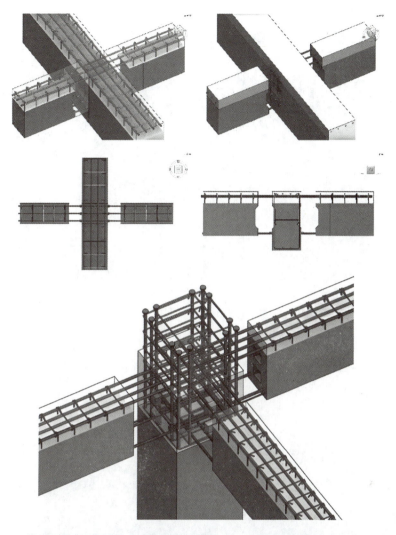

图 3-13 叠合梁相交钢筋布置与混凝土二次现浇深化设计示意图

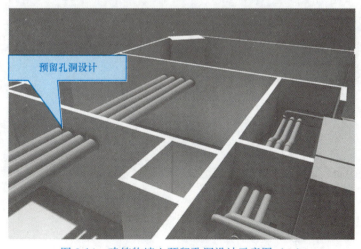

图 3-14 建筑物墙上预留孔洞设计示意图(一)

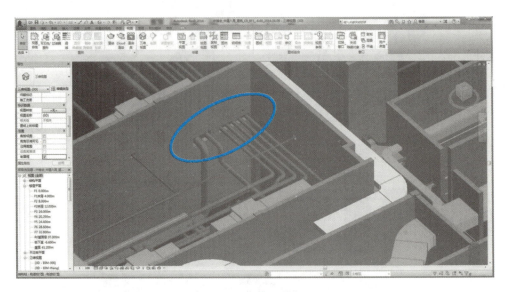

图 3-15　建筑物墙上预留孔洞设计示意图（二）

5. 预埋件设计

装配式混凝土建筑中的 PC 墙、PC 板、PC 梁连接预埋件（墙上、地面）设计示意如图 3-16 所示。

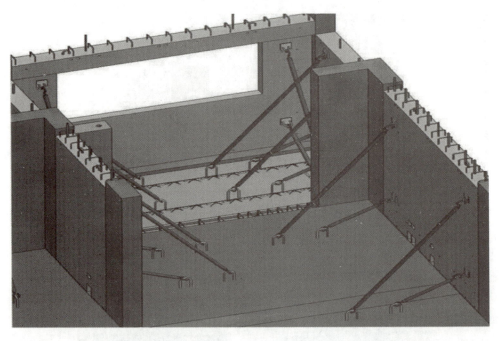

图 3-16　PC 墙、PC 板、PC 梁连接预埋件设计示意图

6. 非几何信息深化

图 3-17 是某框架结构建筑信息模型的现浇板族的属性示意。其中，几何信息

有：板的厚度 120.0mm、周长 14700.0mm、面积 11.685m²、体积 1.402m³；非几何信息有：楼板、板的混凝土强度等级 C30、钢筋保护层厚度等。

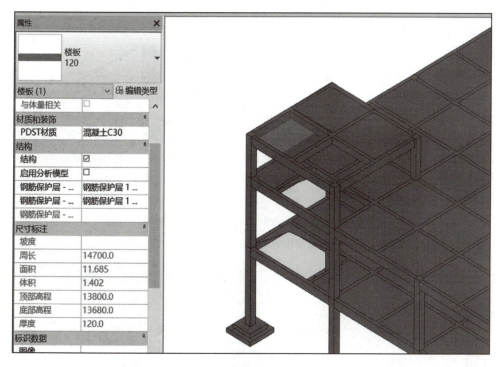

图 3-17　某框架结构混凝土"板族"属性示意图

图 3-18～图 3-25 是某住宅建筑模型内隔墙族的几何信息与非几何信息的深化内容。其中深化的非几何信息包括：① 墙的验收通过、验收时间、验收照片等信息；② 墙体材料为粉煤灰烧结砖、墙面白色涂料、水泥砂浆与瓷砖踢脚线；③ 墙厚 200mm、墙面厚 20mm、踢脚线厚 8mm；④ 验收照片为 JPG 格式、成本信息（材料单价等）。图 3-25 所示为墙面装饰厚度和做法的信息。

图 3-18　某框架结构住宅建筑模型

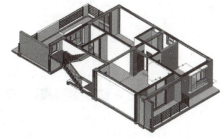

图 3-19　某住宅单元建筑模型

7. 碰撞检查

Revit 模型可以通过 Navisworks 软件进行建筑物梁、柱、板、机电设备等构件、管道等的碰撞检查，并通过三维模型表达碰撞的位置与状况。

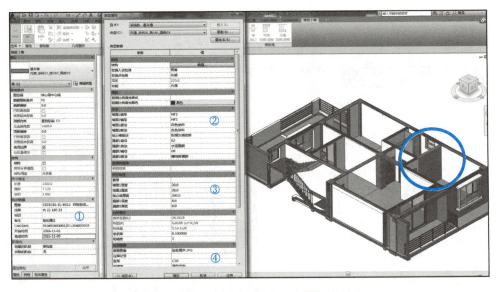

图 3-20　住宅内隔墙（蓝色）族的属性内容

尺寸标注	
长度 ①	2302.0
面积	7.120
体积	1.602
标识数据	
图像	CSCEC81-ZL-B013 样板验收记录表.jpg
注释	内 22 180 23
标记	
备注	验收通过
CNCEMS	010401003002,011204003003
开始时间	2016-11-01
完成时间	2016-11-05

图 3-21　内隔墙族的验收信息

文字	
墙面1编号 ②	NF3
墙面2编号	NF3
墙面1做法	白色涂料
墙面2做法	白色涂料
核心墙做法	粉煤灰烧结砖
踢脚1编号	02
踢脚1做法	水泥踢脚
踢脚2编号	08
踢脚2做法	铺地砖踢脚

图 3-22　内隔墙族的墙面做法信息内容

尺寸标注	
壁厚 ③	
墙面1厚度	20.0
墙面2厚度	20.0
核心墙厚度	200.0
踢脚1厚度	8.0
踢脚2厚度	8.0

图 3-23　内隔厚度与装饰厚度信息

类型图像	验收照片.JPG
注释记号	
型号	C30
制造商	
类型注释	
URL	
说明	成本信息
部件说明	

图 3-24　内隔墙成本信息

层　外部边

	功能	材质	厚度	包络	结构材质
1	面层 1 [4]	聚合物_涂料_白	2.0	☑	
2	衬底 [2]	混凝土_砂浆罩	4.0	☑	☐
3	衬底 [2]	混凝土_砂浆垫	7.0	☑	☐
4	衬底 [2]	混凝土_砂浆找	9.0	☑	☐
5	核心边界	包络上层	0.0		
6	结构 [1]	砖_砖墙_深红色	180.0	☐	☐
7	核心边界	包络下层	0.0		
8	衬底 [2]	混凝土_砂浆找	10.0	☑	☐
9	衬底 [2]	混凝土_砂浆结	8.0	☑	☐
10	面层 2 [5]	陶瓷_面砖_白色	5.0	☑	☐

图 3-25　内隔墙及装饰厚度与做法信息

碰撞检查是 BIM 技术应用初期最易实现、最直观、最易产生价值的功能之一。利用软件解决漏和缺的问题，是模拟施工过程的一个精细化设计过程，是提高设计质量、减少设计时间、降低工程成本、消除变更与返工的一项主要工作，如图 3-26～图 3-32 所示。

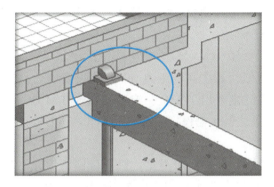

图 3-26　混凝土梁与屋面水落管发生碰撞

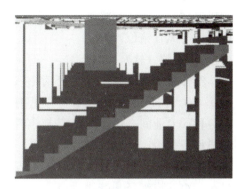

图 3-27　楼梯上方矩形梁阻挡

图 3-28　建筑结构与管线碰撞

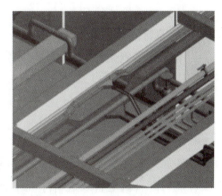

图 3-29　对碰撞进行优化设计

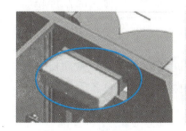

图 3-30　管洞错位

图 3-31　有洞无管

图 3-32　有管无洞

（1）碰撞的定义

工程中实体相交定义为碰撞。实体间的距离小于设定公差，影响施工或不能满足特定要求也定义为碰撞，为区别二者分别命名为硬碰撞和间隙（软）碰撞。

1）硬碰撞

实体在空间上存在交集。这种碰撞类型在设计阶段极为常见，如发生在结构梁、空调管道和给水排水管道等之间的碰撞。

BIM模型
碰撞检查

单专业碰撞：包括围护支撑与楼面碰撞、地下室集水井与基础承台之间的碰撞、楼梯与梁碰撞、钢筋碰撞、管道与综合布线碰撞、机电设备之间的碰撞、内装饰构件之间的碰撞等。

多专业碰撞：建筑与结构碰撞（门窗与结构梁柱、雨篷等构件碰撞等）、结构与机电碰撞（管线穿梁和柱）、机电与建筑碰撞（防火卷帘门箱体与管线穿插、预留洞口与风管错位）等。

2）间隙（软）碰撞

实体与实体在空间上并不存在交集，但两者之间的距离（D）比设定的公差（T）小，即被认定为碰撞。该类型碰撞检测主要出于安全、施工便利等方面的考虑，相同专业间有最小间距要求，不同专业之间也需设定最小间距要求，还需检查管道设备是否遮挡墙上安装的插座、开关等。

软碰撞还包括：管线没有考虑保温层设置导致间隙不足、检查口预留位置不足、门窗开启半径与管线碰撞、停车位置在集水坑下方、楼梯段净高不满足规范要求等。

（2）碰撞检查的分类

1）设计型碰撞检查

由于二维施工图设计的局限性，导致无法轻易辨识出三维空间中的构件碰撞。BIM 模型 3D 可视化的功能与碰撞检查功能，可以在设计阶段进行碰撞检查。

2）需求型碰撞检查

对于业主而言，二维施工图在表达设计内容时难以想象出最终的三维交付成果。例如空间净高的设计，即楼层结构体楼板与楼板之间的净高，二维施工图设计没有能力配合机电管线进行净高检查，不能满足这一需求。

3）成本型碰撞检查

成本型碰撞检查也可以理解为过度设计，最终的交付成果预算与功能性都超出业主的需求。

4）施工型碰撞检查

在检查施工型碰撞时，需要加入施工项目的先后时间顺序才能进行碰撞检查和发现施工型的碰撞。例如混凝土梁之间、梁与柱之间的碰撞；机电设备管线与建筑结构的碰撞等。

（3）碰撞检查的作用

1）纠正技术错误提升管理效率

应用 BIM 可视化技术，施工设计人员在建造之前就可以对项目的土建、管线、工艺设备等进行管线综合及碰撞检查，不但能够彻底消除硬碰撞、软碰撞，优化工程设计，减少、降低在建筑施工阶段可能存在的错误损失和返工的可能性，而且能够优化净空，优化管线排布方案。最后施工人员可以利用碰撞优化后的三维管线方案，进行施工交底、施工模拟，提高施工质量，同时也提高了与业主沟通的效率。

2）控制返工保障工期

利用 BIM 软件平台的碰撞检测功能，实现了建筑与结构、结构与暖通、机电安装以及设备等不同专业之间的碰撞，同时提高了各专业管理人员对图纸问题的解决效率。正是利用 BIM 软件平台这种功能，预先发现图纸问题，及时反馈给设计单位，避免了后期因图纸问题带来的停工以及返工，提高了项目管理效率，也为现场施工及总承包管理打好了基础。

3）模拟施工保障质量

"碰撞检查"通过 BIM 模型检测工具发现项目中图元之间的冲突。这些图元可能是模型中的一组选定图元，也可能是所有图元。

通过 BIM 模型对施工阶段的构件和管线、建筑与结构、结构与管线等进行碰撞检查、施工模拟等优化设计，对施工中机械位置、物料摆放进行合理规划，在施工前尽早发现未来将会面对的问题及矛盾，寻找出施工中不合理的地方并及时进行调整，或者商讨出最佳施工方案与解决办法，控制传统 2D 模式的错、漏、碰、缺等现象的出现，保障施工效率和质量。

8. 工程量统计

工程量统计可以应用 Revit 等建模软件带有的工程量统计功能完成。该功能统计出来的工程量还不是我们可以套用预算定额计算的工程量，是根据软件的工程量计算规则计算和统计的工程量，该工程量可以参考，但不能作为计算工程造价的工程量。某建筑模型用 Revit 软件统计的工程量如图 3-33~图 3-35 所示。

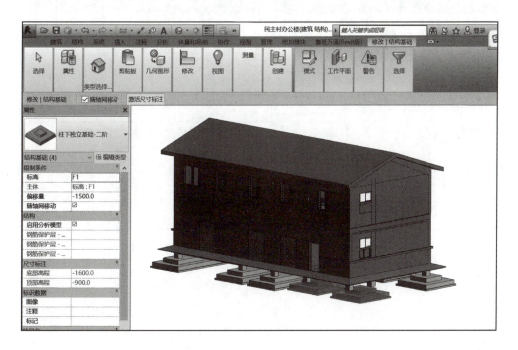

图 3-33　准备统计建筑模型中独立基础的工程量

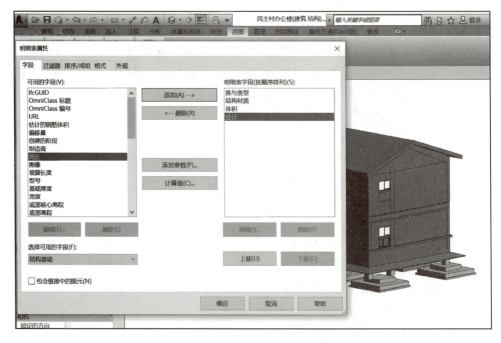

图 3-34 设置统计独立基础工程量表格

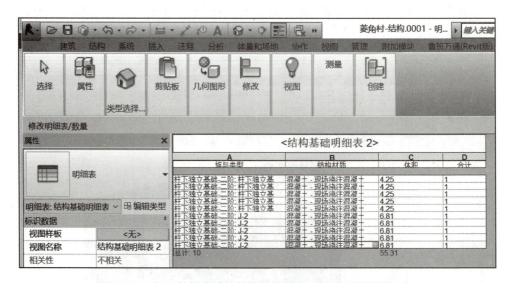

图 3-35 Revit 软件统计的某框架结构独立基础工程量明细表

从图 3-35 中可以看到，该工程有两种类型的独立基础工 10 个，全部工程量为 55.31m³。

一、简答题

1. 如果你了解 BIM 族的属性可以扩展，请举例说明。

2. 请能举例说明 BIM 模型的精度。
3. 计算机程序设计主要根据什么来编写程序？
4. 开发软件项目时程序员与造价工程师之间是什么关系？
5. 你了解与建设工程项目管理的规范有哪些？

二、多项选择题

1. BIM 软件的特性包括（　　）。
   A. 三维可视化　　　　　　　　B. 自动化
   C. 属性可扩展性　　　　　　　D. 参数化
2. Revit 构建的 BIM 模型中分为（　　）。
   A. 属性图元　　　　　　　　　B. 基准图元
   C. 注释图元　　　　　　　　　D. 模型图元
3. 计算机软件开发内容包括（　　）。
   A. 需求分析　　　　　　　　　B. 设计
   C. 实现　　　　　　　　　　　D. 推广

4 施工管理 BIM 应用

4.1 建筑施工进度管理

4.1.1 施工进度管理概述

施工进度管理是在项目建设中根据已批准的项目进度计划,采用适当的方法定期跟踪、检查工程实际进度状况,与计划进度对照、比较找出两者之间的偏差,并对产生偏差的各种因素及影响工程目标的程度进行分析与评估,以及组织、指导、协调、监督监理单位、承包商及相关单位,及时采取有效措施调整工程进度计划。使工程进度在计划执行中不断循环往复,直至按设定的工期目标(项目竣工)即按合同约定的工期如期完成,或在保证工程质量和不增加工程造价的条件下提前完成。

4.1.2 施工进度计划编制

施工进度计划编制包括施工总进度计划和单位工程施工进度计划。

1. 编制施工总进度计划

施工总进度计划应依据施工合同、实施性施工组织设计等经济技术资料编制。施工总进度计划的内容应包括:编制说明,施工总进度计划表,分项工程的开工日期、完工日期及工期一览表,资源需要量等。

编制施工总进度计划的步骤应包括:收集编制依据,确定进度控制目标,计算工程量,确定各单位工程的施工期限和开、竣工日期,安排各单位工程的搭接关系,编写施工进度计划说明书。

2. 编制单位工程施工进度计划

单位工程施工进度计划应依据下列资料编制:项目管理目标责任书,施工总进度计划,施工方案,主要材料和设备的供应能力,施工人员的技术素质及劳动效率,施工现场条件、气候条件、环境条件,已建成的同类工程实际进度及经济指标。

单位工程施工进度计划应包括下列内容:编制说明,进度计划图,单位工程施工进度计划的风险分析及控制措施。

劳动力、主要材料、预制件、半成品及机械设备需要量计划、资金收支预测计划,应根据施工进度计划编制。

3. 按时间编制施工进度计划

各项目应根据项目总体计划及资源配置情况,编制实际可行的年度、季度、月度、周、日施工计划,并对总体计划、年度、季度、月度、周、日施工计划进行审查。

4.1.3 工程进度计划实施和控制

项目的年、季、月、周、日施工进度计划应逐级落实,最终通过施工任务书由班组实施。

1. 施工进度计划实施

在施工进度计划实施的过程中应完成的工作包括:跟踪计划的实施进行监督,当发现进度计划执行受到干扰时,应采取调度措施。在形象进度图上进行实际进度记录,并跟踪记载每个施工过程的开始日期、完成日期,记录每日完成数量、施工现场发生的情况、干扰因素的排除情况。执行施工合同中对进度、开工及延期开工、暂停施工、工期延误、工程竣工的承诺。跟踪形象进度对工程量、总产值、耗用的人工、材料和机械台班等的数量进行统计与分析,编制统计报表。落实控制进度措施要具体到执行人、目标、任务、检查方法和考核办法。

2. 施工进度计划控制

在进度控制中,应确保资源供应进度计划的实现。当出现下列情况时,应采取措施处理:

(1) 当发现资源供应出现中断、供应数量不足或供应时间不能满足要求时。

(2) 由于工程变更引起资源需求的数量变更和品种变化时,应及时调整资源供应计划。

(3) 当发包人提供的资源供应进度发生变化不能满足施工进度要求时,应敦促发包人执行原计划,并对造成的工期延误及经济损失进行记录,以备索赔使用。

4.1.4 施工进度计划实施保证措施

根据公司下达的进度计划要求,分别细化月、周、日施工进度措施,以在实施中对照检查,指导施工,完善管理。

项目部要每日召开生产调度会议,认真做好工程的统筹、科学组织,合理安排,优化施工组织设计及施工方案,提高施工效率,加快施工进度。

根据工程进度计划,制订劳动力、材料、机械设备、资金等各种资源保证措施,科学组织,均衡生产。

加强合同管理,及时计量,为工程施工提供资金保障。

密切加强同地方政府、业主、监理的联系,为工程顺利进行创造良好的外部环境。

在雨季或遇到洪水等恶劣气候条件时,采取调整分项工程施工等措施,力争将影响降低到最低程度。

4.1.5 施工进度计划调整

施工进度计划在实施中的调整必须依据施工进度计划检查结果进行。施工进度计划调整应包括下列内容:施工内容、工程量、起止时间、持续时间、工作关系及资源供应。

调整施工进度计划应采用科学的调整方法,并应编制调整后的施工进度计划上报给公司工程管理部。

4.2 施工进度动态管理

4.2.1 基于BIM模型的动态进度控制

目前，施工进度动态管理主要通过BIM5D软件的应用来实现。

该软件的特点是在已有或者新建的建筑信息模型（BIM）基础上，根据施工进度管理的内容、流程、方法和规定在计算机上完成动态管理的各项工作任务。基于BIM的进度控制流程示意图如图4-1所示。

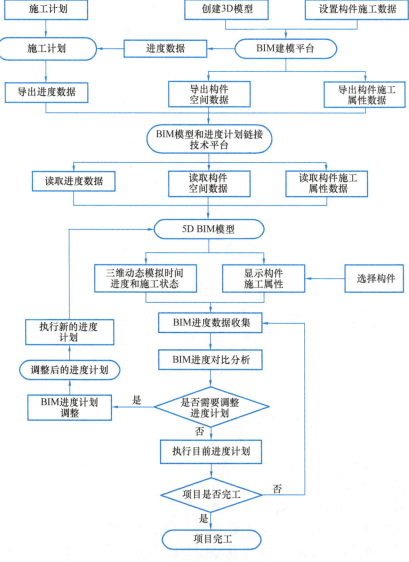

图4-1 基于BIM的进度控制流程示意图

4.2.2 施工进度管理

1. 施工进度计划与模型关联

应用 BIM 模型进行施工进度管理，首先要将施工进度计划导入模型，与模型关联后就可以动态显示工程进度、动态检查施工进度完成或者滞后情况，分析其原因，进而采取措施改进和调整施工进度。在 BIM5D 使用的 BIM 模型上关联施工进度计划的功能如图 4-2 所示。

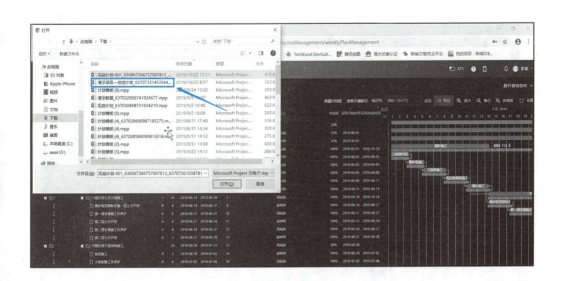

图 4-2 施工进度计划与模型关联

2. 导出进度计划

计划编制调整之后可以对计划进行导出操作，点击导出，选择 MS Project/Excel 来导出所有的实施计划（图 4-3）。

3. 施工进度管理

（1）施工进度计划与模型关联

施工进度计划与模型关联后，当点击右侧项目进度时，可以在屏幕上直观地看到模型上结构构件施工进度完成情况。例如，图中最前面一根混凝土桩的施工进度，如图 4-4 所示。

（2）动态显示工程形象进度

在施工进度模型中，用颜色代表工序展示形象进度。例如，灰色表示已完工，红色表示未按计划完成，黄色表示下阶段该做的工程内容等。某工程施工形象进度模拟如图 4-5 所示。

4. 计划模型与实际模型对比分析

计划模型和实际模型的对比，在软件中是构件与计划关联后选定时间段，通过观察构件的颜色判断计划的完成程度。也可以通过播放动画视频对选定时间段里的模型变化进行对比，效果如图 4-6 所示。

BIM 应用概论

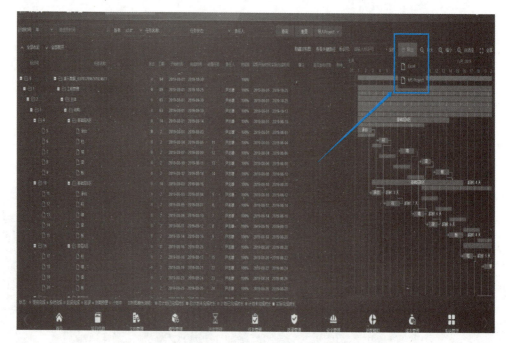

图 4-3　导出施工进度计划

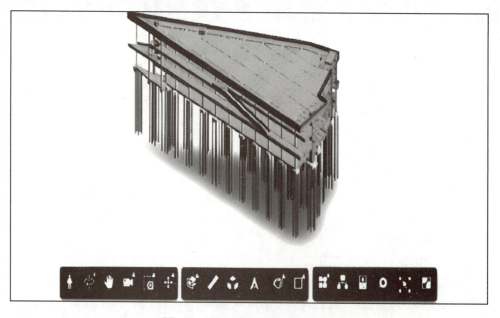

图 4-4　施工进度计划与模型关联

5. 模型显示动态施工进度

导入施工进度管理 BIM 模型后,打开模型就可以从模型中很快了解和模拟工程施工组织的编排情况、主要的施工方法、总体计划、单位工程计划等内容。例如,某工程 BIM 模型显示动态施工进度如图 4-7 所示。

4 施工管理 BIM 应用

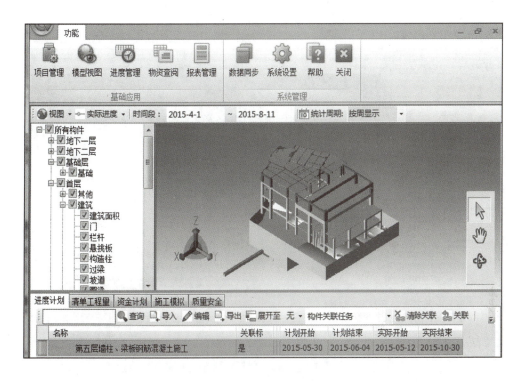

图 4-5 某工程施工形象进度模拟

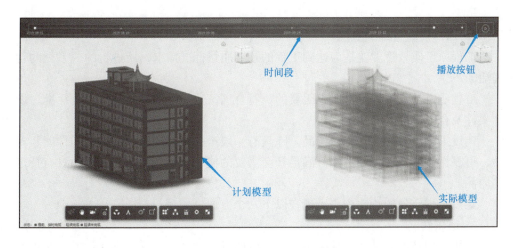

图 4-6 计划模型与实际模型对比分析示意图

37

图 4-7　某工程 BIM 模型显示动态施工进度

4.3　BIM 质 量 管 理

4.3.1　质量管理的概念

工程项目质量管理就是为达到工程的预期质量标准需求，所进行的一系列的管理活动。

工程质量是指工程满足业主需要的，符合国家法律、法规、技术规范标准、设计文件及合同规定的特性综合。

建设工程作为一种特殊的产品，除具有一般产品共有的质量特性，如性能、寿命、可靠性、安全性、经济性等满足社会需要的使用价值及其属性外，还具有特定的内涵。

建设工程质量的特性主要表现在以下六个方面：

1. 适用性

适用性即功能，是指工程满足使用目的的各种性能。包括：理化性能、结构性能、使用性能及外观性能等。

2. 耐久性

耐久性即寿命，是指工程在规定的条件下，满足规定功能要求使用的年限，也就是工程竣工后的合理使用寿命周期。

3. 安全性

安全性是指工程建成后在使用过程中保证结构安全、保证人身和环境免受危害的程度。

4. 可靠性

可靠性是指工程在规定的时间和规定的条件下完成规定功能的能力。

5. 经济性

经济性是指工程从规划、勘察、设计、施工到整个产品使用寿命周期内的成本和消耗的费用。

6. 与环境的协调性

与环境的协调性是指工程与其周围生态环境协调,与所在地区经济环境协调以及与周围已建工程相协调,以适应可持续发展的要求。

4.3.2 建设项目质量管理主要工作

1. 建立质量保证体系

为全面系统地把质量工作落到实处,首要任务是建立切实可行的质量保证体系。施工企业依据质量保证体系,建立自己的质量保证系统,编写质量手册,制订质量方针、质量目标,并使之具有系统性、协调性、可操作性和可检查性。

2. 树立质量第一的观念

质量控制应以人为核心,把人作为控制的动力,调动人的积极性、创造性,增强人的责任感,树立质量第一的观念。

3. 控制施工环境

在项目施工中,影响工程质量的环境因素很多,有工程技术环境,如工程地质、水文、气象等;工程管理环境,如质量保证体系、质量管理制度;劳动环境,如劳动组合、作业场所、工作面等。因此,根据工程项目的特点和具体条件,应对影响质量的环境因素,采取有效的措施严加控制,特别是施工现场的环境,应建立文明施工的环境,保证材料堆放有序,道路畅通,为确保质量和安全创造良好的条件。

4. 控制施工工序

为了把工程质量从事后检查转向事前控制,达到预防为主的目的,必须加强对施工工序的质量控制。

4.3.3 工程质量事故处理

1. 处理程序

工程质量事故发生后,总监理工程师应签发《工程暂停令》,并要求停止进行质量缺陷部位和与其有关联部位及下道工序施工,应要求施工单位采取必要的措施,防止事故扩大并保护好现场。同时,要求质量事故发生单位迅速按类别和等级向相应的主管部门上报,并于 24h 内写出书面报告。

2. 收集事故证据

监理工程师在事故调查组展开工作后,应积极协助,客观地提供相应证据,若监理方无责任,监理工程师可应邀参加调查组,参与事故调查;若监理方有责任,则应予以回避,但应配合调查组工作。

4.3.4 应用 BIM 技术动态质量管理

1. 建立质量管理模型

将施工过程中发现的各种工程质量问题上传协同平台，建立 BIM 质量模型，应用 BIM 模型管理质量问题。上传工程质量问题到 BIM 模型，质量问题与模型关联如图 4-8 所示。

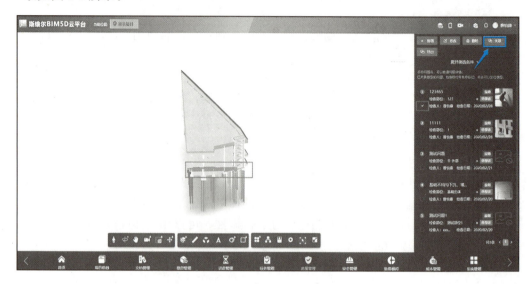

图 4-8　质量问题与模型关联

2. 应用 BIM 模型推进质量管理工作

工程施工中发现了质量问题，通过移动端将发生质量问题位置的照片上传 BIM5D 平台，描述问题情况并判断质量事故的等级，将质量问题关联到模型构件的具体部位，然后向主管报告质量问题，请示下一步采用什么解决方案。质量管理主管在 BIM5D 平台收到报告后，授权质量工程师做出处理质量问题的方案（包括事故定级认定），组织技术人员和工人解决质量问题，并将质量问题处理报告上传平台。

应用 BIM 模型进行质量管理，充分利用了 BIM 模型三维直观性和参数化等特点，应用 BIM5D 平台快速、有效等优势，及时发现问题、及时解决问题，从而有效保证了工程的施工质量，提升了效益。BIM5D 平台解决质量问题如图 4-9 所示。

3. 应用 BIM 模型动态管理质量问题

应用 BIM 模型共享性和云平台的优势，工程技术人员、监理工程师、专职质量员等有关管理人员，上传工程质量问题的部位、质量问题的描述、质量问题的等级等关键信息，按照规定的程序由有关人员审核和处理。应用 BIM 技术动态处理质量问题，直观、及时、有效且节约成本。

在 BIM 模型中勾选工程质量问题如图 4-10 所示，BIM 模型中显示的工程质量问题如图 4-11 所示，将上传的质量问题交后续人员处理如图 4-12 所示，在 BIM 模型中浏览质量问题明细表如图 4-13 所示。

4 施工管理BIM应用

图 4-9　BIM5D平台解决质量问题

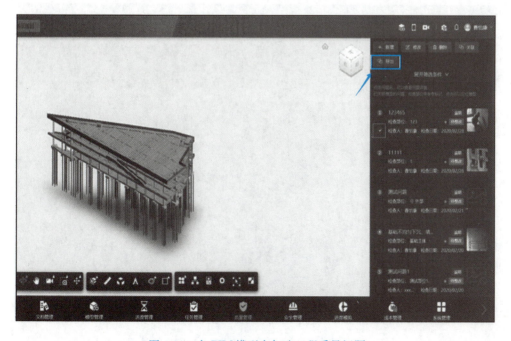

图 4-10　在BIM模型中勾选工程质量问题

41

BIM 应用概论

图 4-11　BIM 模型中显示工程质量问题

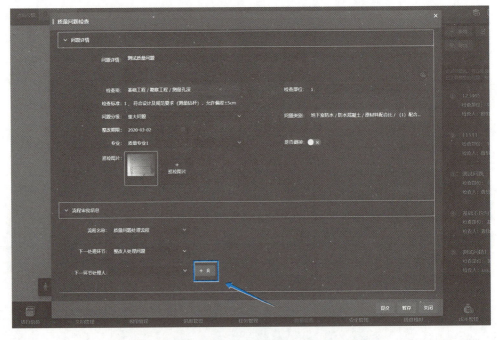

图 4-12　将上传的工程质量问题交给后续人员处理

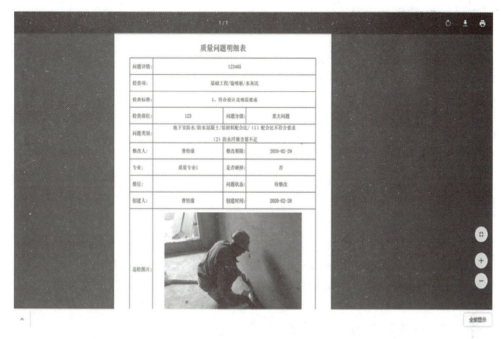

图 4-13　在 BIM 模型中浏览质量问题明细表

4.4　BIM 安全管理

4.4.1　建筑工程施工安全管理的概念

安全管理是为施工项目实现安全生产开展的管理活动。

施工现场的安全管理,重点是进行人的不安全行为与物的不安全状态的控制,落实安全管理决策与目标,以消除事故隐患,避免事故伤害,减少事故损失为管理目的。

控制是对某种具体因素的约束与限制,是管理范围内的重要部分。

安全管理措施是安全管理的方法与手段,管理的重点是对生产各因素状态的约束与控制。根据施工生产的特点,安全管理措施带有鲜明的行业特色。

基于BIM的施工安全管理

4.4.2　安全管理主要内容

1. 遵守规定

遵守国家现行有关安全生产的法律、法规、标准的规定。

2. 建立安全制度

建立安全生产责任制、施工组织设计及专项施工方案、安全技术交底、安全检查、安全教育、应急救援、安全管理等一系列规章制度。

3. 文明施工安全

现场围挡、封闭管理、施工场地、材料管理、现场办公与住宿、现场防火、综合治理、公示标牌、生活设施等按规定设置。

4. 脚手架安全

脚手架施工方案、立杆基础、架体与建筑物拉结、杆件间距与剪刀撑、脚手板

43

与防护栏杆、交底与验收、层间防护、构配件材质、安全通道等安全检查。

5. 临时用电系统安全

外电防护、接地与接零保护系统、配电线路、配电箱与开关箱、现场施工用电、照明用电、用电档案等临时用电安全检查。

6. 机械设备安全

塔式起重机、施工电梯、桩机机械、搅拌机、电锯、钢筋加工等机械安全操作与使用。

7. 高处作业安全

安全帽、安全网、安全带、临边防护、洞口防护、通道口防护、攀登作业、悬空作业、卸料平台等主要安全检查。

4.4.3 安全检查

项目部建立安全检查制度。安全检查应由项目负责人组织，专职安全员及相关专业人员参加，定期检查并填写检查记录；对检查中发现的事故隐患下达隐患整改通知单；定人、定时间、定措施进行整改。重大事故隐患整改后由相关部门组织复查。

4.4.4 BIM模型动态安全管理

在施工模型的基础上，融入安全管理信息，建立安全管理动态模型。建立的BIM安全模型如图4-14所示，安全问题与模型关联如图4-15所示，地下室基坑防护安全问题如图4-16所示，将安全问题上传BIM模型如图4-17所示，建立安全问题二维码如图4-18所示。

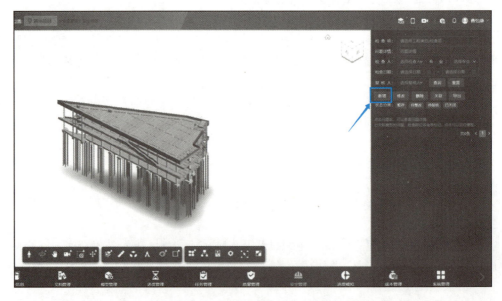

图4-14 建立的BIM安全模型

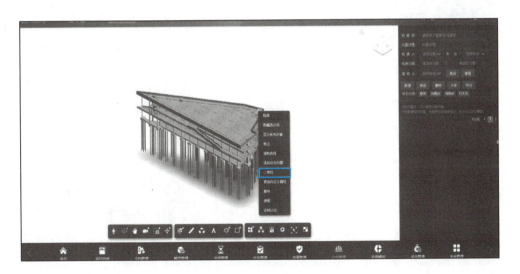

图 4-15 安全问题与模型关联

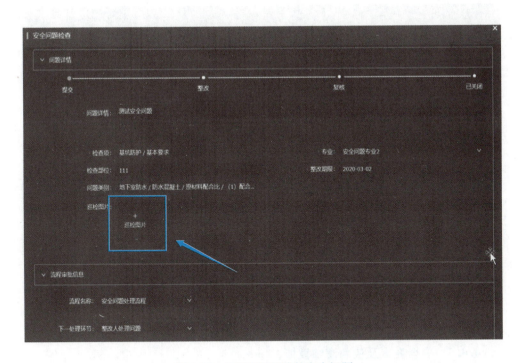

图 4-16 地下室基坑防护安全问题

BIM 应用概论

图 4-17　将安全问题上传 BIM 模型

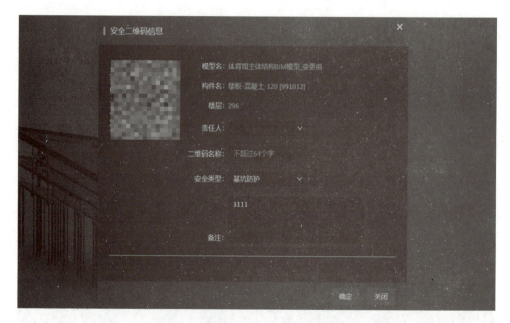

图 4-18　建立安全问题二维码（图中二维码仅起示意作用）

4.4.5　安全教育及应急演练模拟

1. 安全教育

安全生产是建筑施工企业的头等大事，是各项工作的重中之重。

建筑企业员工安全思想教育，更大程度是为了提高员工的安全意识，从而提高生产效率。

2. 安全体验

通常员工安全教育主要采用教育分析、现身说法、案例警示、班前宣誓、安全知识竞赛等方法，BIM 三维场地布置方案确定后可打破传统的安全教育模式，三维场布模型通过 VR、AR 技术，可将受教育者带入虚拟仿真空间，将视、听、体验相结合，让受教育者接受可感受、可操作的三维立体式安全教育模式（图 4-19）。还可以模拟安全事故发生后，现场施工人员的逃生线路及救援方式。

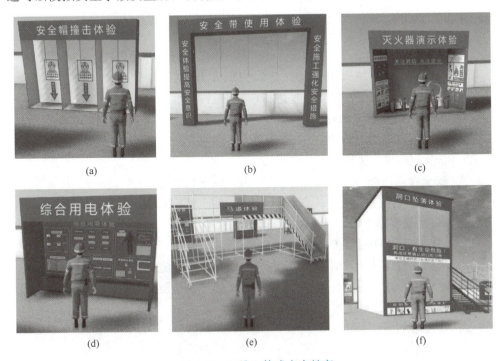

图 4-19　三维立体式安全教育
（a）安全帽撞击体验；（b）安全带使用体验；（c）灭火器演示体验；
（d）综合用电体验；（e）马道体验；（f）洞口坠落体验

 练习题

一、简答题

1. 什么是施工进度管理？
2. 需要编制哪几种施工进度计划？
3. 施工中进度计划根据什么编制？
4. 目前施工进度动态管理主要通过什么软件的应用来实现？
5. 打开施工进度管理 BIM 模型可以看到哪些内容？
6. 什么是工程项目质量管理？
7. 为什么要树立质量第一的观念？
8. 质量管理模型包含什么内容？
9. 什么是安全管理？
10. 施工现场安全管理的重点是什么？
11. 安全管理的主要内容是什么？
12. 三维立体式安全教育包括哪些内容？

13. 为什么说安全生产是建筑施工企业的头等大事？

二、单项选择题

1. 目前施工进度动态管理主要通过（　　）。
   A. Revit 软件的应用来实现　　　　B. CAD 软件的应用来实现
   C. BIM5D 软件的应用来实现　　　D. Project 软件的应用来实现
2. 质量控制应以（　　）。
   A. 质量方针为核心　　　　　　　B. 以质量管理办法为核心
   C. 以质量管理措施为核心　　　　D. 人为核心
3. 施工现场的安全管理重点是进行（　　）。
   A. 人的不安全状态的控制　　　　B. 空间不安全状态的控制
   C. 现场不安全状态的控制　　　　D. 机械不安全状态的控制
4. 安全管理的方法与手段是（　　）。
   A. 安全管理措施　　　　　　　　B. 安全管理方法
   C. 安全管理条例　　　　　　　　D. 安全管理章程

三、多项选择题

1. 工程施工计划编制包括（　　）。
   A. 单位工程施工进度计划　　　　B. 单项工程施工进度计划
   C. 建设项目施工进度计划　　　　D. 施工总进度计划
2. 编制单位工程施工进度计划应包括（　　）。
   A. 进度计划图　　　　　　　　　B. 控制措施
   C. 会议纪要　　　　　　　　　　D. 编制说明
3. 建设项目质量管理主要工作包括（　　）。
   A. 树立质量第一的观念　　　　　B. 控制施工工序
   C. 建立环保意识　　　　　　　　D. 建立质量保证体系
4. 安全管理主要内容包括（　　）。
   A. 遵守规定　　　　　　　　　　B. 建立安全制度
   C. 文明施工安全　　　　　　　　D. 作业安全
5. 高处作业安全用品包括（　　）。
   A. 安全帽　　　　　　　　　　　B. 安全网
   C. 安全带　　　　　　　　　　　D. 安全服
6. 安全检查的"三定"指（　　）。
   A. 定点　　　　　　　　　　　　B. 定人
   C. 定时间　　　　　　　　　　　D. 定措施进行整改

5 工程造价管理 BIM 应用

5.1 概　　述

5.1.1 工程造价管理 BIM 技术应用现状

1. 工程造价管理现状

（1）工程造价管理理论与方法体系已经建立

工程造价管理的五个阶段确定工程造价的理论与方法体系已经建立。

通过可行性研究采用建设项目评估方法、工程估算方法确定决策阶段的工程造价；通过编制设计概算、施工图预算确定设计阶段的工程造价；通过编制工程量清单、工程量清单报价、施工图预算确定承发包阶段工程造价；通过编制施工图预算、工程量清单报价、中间结算书确定实施阶段工程造价；通过编制竣工结算清单竣工阶段工程造价的方法已经成熟且体系化。

（2）工程造价管理法律法规有待完善

工程造价管理的法律法规体系还不够完善。具体表现为在决策阶段、设计阶段没有与工程造价控制有关的法律性文件规定，未能有效控制和处理串标、围标的法律性文件规定等。

（3）设计阶段工程成本控制的意识不强

设计人员在设计方案和施工图时，将成本控制的方法融入工程设计中是工程造价管理的重点工作内容。但是，目前这项工作普遍不理想。除了工程造价控制的措施或者规定不完善外，设计人员成本控制意识较差是根本原因。

（4）工程实施阶段成本控制

工程实施阶段主要包括人工费、材料费、机械费和管理费的控制。实际支付的人工费总是超过投标价的人工费，已经是普遍现象；材料费是成本控制的主要对象，如果工程施工中遇到不可预见因素引起的材料涨价且又无法索赔的情况，成本控制就会出现危机。上述现象也是导致施工中弄虚作假的原因之一。建立健全建设项目全过程工程造价管理的法律法规体系是当务之急。

管理费成本控制需要运用科学、切合实际的管理方法。

2. 工程造价管理 BIM 技术应用现状

（1）BIM 技术应用现状

BIM 在建设工程设计与施工技术上应用已经逐渐成熟。例如，已经能够实现建筑、结构、机电设备、装饰、市政、路桥、隧道、地下管廊等工程建模；能够完成碰撞检查、净高检查、场地布置、进度模拟、漫游等功能的应用；能够完成基于建筑信息模型的工程量计算工作等。

BIM 在建设项目管理、工程造价管理中的应用还处于初级阶段。除了建筑企业自己建立为本企业工程管理服务的 BIM 应用综合平台外，还没有推出为所有企业服务的 BIM 应用管理平台。

（2）没有健全的工程造价管理 BIM 应用体系

工程造价管理的主要任务是对建设项目五个阶段进行工程造价确定与控制。工程造价的确定已经进入发展期，工程造价控制还处在初级阶段。

实际上工程造价确定也只是在招标投标阶段比较成熟。在工程实施过程中的工程造价中间结算和竣工结算工作，也还在起步阶段。

因此，目前还没有依据工程造价全过程管理的要求，构建完整的工程造价管理的 BIM 应用体系。

（3）实际工作中有效的工程造价管理（成本控制）方法缺少

目前，实用且有效的工程造价管理（成本控制）方法偏少。传统的方法受到人们传统观念和社会现状的制约，例如施工企业普遍没有建立企业定额，缺少成本控制的依据等。

（4）缺乏实施工程造价管理的条件

目前的项目法施工，导致工程项目转包现象时有发生，没有形成工程成本控制的气候和必要条件，实施应用 BIM 技术进行工程造价管理的人才不足，使得该项工作缺乏氛围和环境。

（5）需要研究应用建筑信息模型控制成本的方法

各阶段工程造价管理如何应用 BIM 技术，建立成本控制应用建筑信息模型平台，需要进一步研究。

集团化施工企业有强大的管理制度与体系支撑，有配套的工程技术人员与管理人员，有工程管理与造价管理的需求，有强大的物力财力支持，他们是将 BIM 技术应用到工程造价管理的主力军。但是，如何将集团化的 BIM 技术应用平台转化为社会各施工企业的工程造价管理工具，还需要走较长的道路。

（6）在完善管理体制建设和法律法规体系建设的过程中持续推进 BIM 应用

存在决定意识。BIM 技术在工程造价管理中的应用正处于发展初期，我们不能跨越这个现实来谈如何应用 BIM 技术。

BIM 在建设工程造价管理中的应用还需要在满足社会需求的过程中，BIM 技术功能完善的过程中，管理体制建设和法律法规体系建设完善的过程中持续推进。

5.1.2　工程造价与施工图预算

1. 工程造价的概念

工程造价是指工程项目在建设期预计或实际支出的建设费用。工程造价在合同价形成之前都是一种预期的工程价格，在合同价形成并履行后则成为实际工程费用。

工程造价按照工程项目所指范围的不同，可以是一个建设项目的造价，一个或多个单项工程或单位工程的造价，以及一个或多个分部分项工程的造价。

工程造价在工程建设的不同阶段有具体的称谓，如决策阶段为投资估算，设计阶段为设计概算和施工图预算，承发包阶段为招标控制价和投标报价，实施阶段为合同价和预算价，竣工阶段为竣工结算价（图5-1）。

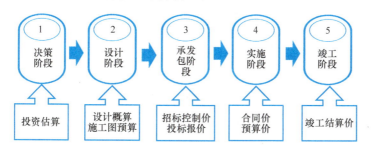

图5-1 建设项目工程造价管理五个阶段示意图

2. 施工图预算

以施工图设计文件为依据，按照规定的程序、方法和依据，在工程施工前对工程项目的工程费用进行预测与计算的工程造价文件。

5.1.3 施工图预算编制依据与程序

1. 施工图预算编制依据

施工图预算的编制依据包括施工图、工程量计算规则、预算消耗量定额、地区人工单价、地区材料单价、地区机械台班单价、施工方案、地区费用定额等，其编制程序见图5-2。

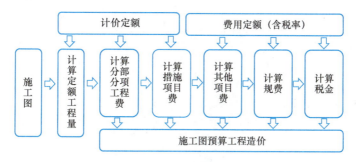

图5-2 施工图预算编制程序示意图

2. 施工图预算编制内容

施工图预算的编制内容包括：计算清单工程量、计算定额工程量、计算综合单价（含措施项目工程量）、计算分部分项工程费、计算措施项目费（含措施项目工程量）、计算其他项目费、计算规费与税金，然后汇总为工程预算造价。

3. 施工图预算编制程序

施工图预算的编制程序可以描述为：

根据施工图、工程量计算规范计算清单工程量；根据施工图、消耗量定额计算定额工程量。

根据清单工程量、定额工程量、消耗量定额、人材机单价、费用定额计算综合单价；根据综合单价、清单工程量计算分部分项工程费；根据单价措施项目、综合单价、费用定额计算措施项目费。

根据其他项目清单、费用定额计算其他项目费；根据分部分项工程费中人工费、单价措施项目中人工费、费用定额及增值税有关规定计算规费和增值税。

最后将上述计算出的分部分项工程费、措施项目费、其他项目费、规费和税金汇总为预算工程造价。

5.1.4 预算定额与消耗量定额

1. 计价定额

凡是可以用于计算工程造价的定额，都可以称为计价定额。一般包括：估算指标、概算定额、消耗量定额、预算定额（单位估价表）、企业定额、费用定额等。

2. 消耗量定额

消耗量定额是规定单位分项工程人工、材料、机械台班消耗的数量标准。例如，吊装 10m³ 预制实心柱人工、材料、机械台班消耗量的数量标准见表 5-1。

装配式预制构件吊装消耗量定额 表 5-1

工作内容：支撑杆连接件预埋、结合面清理、构件吊装、就位、校正、垫实、固定、坐浆料铺筑，搭设和拆除钢支架

计量单位：10m³

定额编号				2-5
项目				预制实心柱
名称			单位	消耗量
人工	合计工日		工日	9.34
	其中	普工	工日	2.802
		技工	工日	6.538
材料	预制混凝土柱		m³	10.050
	干混砌筑砂浆 DM M20		m³	0.080
	垫铁		kg	7.480
	垫木		m³	0.010
	斜支撑杆件 φ48×3.5		套	0.340
	预埋铁件		kg	13.050
	其他材料费		元	0.600
机械	干混砂浆罐式搅拌机		台班	0.008

3. 预算定额

预算定额是规定单位分项工程人工、材料、机械台班消耗量及货币量的数量标准。例如，吊装 10m³ 预制实心柱人工、材料、机械台班消耗量及人工费、材料费、机械费单价以及汇总后的基价见表 5-2。

可以看出，将消耗量定额中的人工、材料、机械台班消耗量分别乘以对应的人工单价、材料单价、机械台班单价后，汇总为该项目的预算定额基价。预算定额是在消耗量定额的基础上编制的。

装配式预制构件吊装预算定额　　　　　表 5-2

工作内容：支撑杆连接件预埋，结合面清理，构件吊装、就位、校正、垫实、固定，坐浆料铺筑，搭设和拆除钢支架
　　　　　　　　　　　　　　　　　　　　　　　　　　　　　计量单位：10m³

		定额编号			2-5
		项目			预制实心柱
		基价（元）			1545.23
其中		人工费（元）			1401.00
		材料费（元）			142.71
		机械费（元）			1.52
	名称		单位	单价（元）	数量
人工	综合用工		工日	150.00	9.34
材料	预制混凝土柱		m³	—	10.050
	干混砌筑砂浆 DM M20		m³	350.15	0.080
	垫铁		kg	4.05	7.480
	垫木		m³	1600.00	0.010
	斜支撑杆件 $\phi48\times3.5$		套	21.97	0.340
	预埋铁件		kg	4.05	13.050
	其他材料费		元	—	8.08
机械	干混砂浆罐式搅拌机		台班	190.32	0.008

4. 预算定额内容的五大要素

（1）定额编号

定额编号一般按专业、分部、分项（子目）顺序规则编制。例如，定额编号"2-5"表示第二分部、第 5 分项工程（子目）。

（2）项目名称

表达预算定额中的具体项目的名称。例如，项目名称为"预制混凝土实心柱"。具体细化到实际工程上，还要确定混凝土强度等级与混凝土类型等信息。

（3）定额基价

基价也称为"分项工程单价"，基价＝Σ人工费＋Σ材料费＋Σ机械费。

（4）人材机消耗量

人工、材料、机械台班消耗量均来自建筑工程消耗量定额。

（5）人材机单价

现阶段，人工单价、材料单价、机械台班单价均来自工程造价行政主管部发布的指导价。

5.1.5　工程造价动态管理

1. 工程造价管理的概念

工程造价管理是综合运用管理学、经济学和工程技术及信息技术等方面的知识与技能，对工程造价进行的预测、计划、控制、核算、分析和评价等工作的系列活动。

2. 工程造价管理的内容

（1）国家对工程价格进行管理和调控

在社会主义市场经济条件下，工程造价管理是指国家根据社会经济的发展状

况,利用法律、法规及经济、行政等手段,通过对建筑市场管理、规范市场主体计价行为,对工程价格进行管理和调控的系统行为。

(2) 业主对工程实际造价进行管理

业主对某一工程项目建设成本的管理以及发承包双方对工程承发包价格的管理;对建设成本的管理,包括从前期开始的建设项目筹建到竣工验收、交付用的所有费用的过程管理,即工程造价预控、预测、工程实施阶段的工程造价调整以及工程实际造价管理。

(3) 承包商对工程成本进行控制

承包商对建设成本的管理包括为实现管理目标而进行的成本控制、计价、定价和竞价的系统活动;发承包方对工程承包价格的管理包括工程价款的支付、结算、变更、索赔等。

3. 工程造价动态管理的概念

工程造价动态管理是指运用工程造价专业方法和现代技术手段,根据有关规范与规定,编制建设项目投资估算、设计概算、施工图预算、招标控制价、投标报价、中间结算价、工程结算,以及按照工程合同、工程造价行政主管部门文件、预算定额、工程变更、市场价格等要素的动态变化,控制上述各阶段工程造价的管理工作。

4. 工程造价动态管理方法

工程造价动态管理方法主要包括:根据采用科学方法编制的建设项目经济评价和可行性研究报告,编制投资估算;根据优选项目设计方案应用建筑信息模型编制设计概算和施工图预算;根据招标文件的工程量清单、最高限价和人材机市场价以及各项可降低的费率、成本控制计划等编制投标报价;根据发承包合同、中间结算文件,工程变更、费用变更以及投标报价控制工程成本;根据中间结算文件、发承包合同、工程造价行政主管部门的价格和费率调整文件,编制工程结算。

在正常情况下工程造价动态管理应遵守以下原则:

(1) 工程结算价小于等于投标报价;
(2) 投标报价小于等于招标控制价;
(3) 招标控制价小于等于施工图预算造价;
(4) 施工图预算造价小于等于设计概算造价;
(5) 设计概算造价小于等于投资估算价。

5. 数字造价管理的概念

数字造价管理是指利用 BIM 和云计算、大数据、物联网、移动互联网、人工智能等信息技术引领工程造价管理转型升级的行业战略。它结合全面造价管理的理论与方法,集成人员、流程、数据、技术和业务系统,实现工程造价管理的全过程、全要素、全参与方的结构化、在线化、智能化,构建项目、企业和行业的平台生态圈,从而推动以新计价、新管理、新服务为代表的专业转型升级,实现让每一个工程项目综合价值最优的目标。

施工图预算与成本管理的 BIM 应用是数字造价管理最重要的基础性工作之一。

5.1.6 施工图预算 BIM 技术应用内容

1. 《建筑信息模型施工应用标准》有关规定

《建筑信息模型施工应用标准》GB/T 51235—2017 中第 9.2.1 条指出:"施工图预算 BIM 应用一般用于建设工程施工图预算的招标控制价编制、招标预算工程量清单编制、投标预算工程量清单与报价单编制、工程成本测算等工作。帮助提高建设工程工程量计算、计价的效率与准确率,降低管理成本与预算风险。"

2. 施工图预算 BIM 应用

(1) 施工图预算招标控制价

施工图预算招标控制价是投标报价的最高限价,各投标价超过这个限价就是废标。

招标控制价依据预算定额(或消耗量定额)、人材机市场价和工程造价行政主管部门颁发的费用定额编制。招标控制价反映了工程建设的社会平均水平。

(2) 招标预算工程量清单

"招标预算工程量清单"亦称"招标工程量清单",是根据招标文件、相关工程量计算规范和施工图由招标人编制的工程量清单项目。

"招标工程量清单"由招标人委托有资质的编制人编制,是建设工程招标控制价和投标报价编制的依据。

(3) 投标预算工程量清单与报价单

"投标预算工程量清单与报价单"亦称"工程量清单报价",是根据招标文件、招标工程量清单、施工图、预算定额、费用定额(或消耗量定额或企业定额)、人材机市场价、企业费用定额的取费费率、相关工程量计算规范及清单计价规范,由投标人编制的某建设工程投标报价文件。

投标报价单由企业自主编制,该报价反映出了企业自身的生产经营管理水平。

5.2 施工图预算 BIM 应用条件

5.2.1 施工图预算 BIM 应用典型流程

施工图预算 BIM 应用典型流程如图 5-3 所示。

首先将施工图设计模型导入计算机,应用 BIM 软件创建施工图预算模型;然后根据数据库中工程量计算规范、预算定额或者消耗量定额确定单位工程施工图预算的分部分项工程项目并与模型关联;接着应用模型计算工程量后套用预算定额计算分部分项工程费;然后套用费用定额后计算措施项目费、其他项目费、规费和税金;最后汇总为工程总价。通过上述工作内容不断提升模型精度,就完成了施工图预算模型的构建。

5.2.2 施工图预算的模型来源

目前,用于施工图预算和成本管理的建筑信息模型主要有三个方面的模型来源:

1. 设计模型

使用设计人员交付的拟建工程建筑信息模型。该类模型需要按照施工图预算和

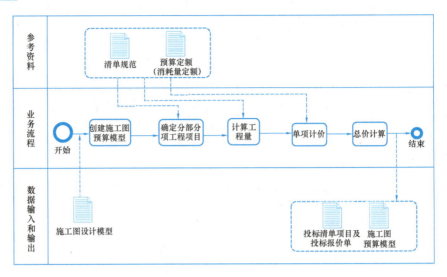

图 5-3　施工图预算 BIM 应用典型流程

成本管理的要求提高精度进行细化后才能使用。

2. 施工模型

使用施工管理的建筑信息模型。该类模型的精度虽然高于设计单位交付的建筑信息模型，但是不能满足编制施工图预算的需要，还要进一步细化才能使用。

3. 翻模

将设计单位交付的 CAD 施工图采用 Revit 等建模软件翻为建筑信息模型。工程造价人员在翻模过程中需要进一步深化模型信息，使之满足施工图预算和成本管理的需要（图 5-4）。

图 5-4　施工图预算应用建筑信息模型信息来源示意图

5.2.3　施工图预算模型元素构成

用于施工图预算的建筑信息模型，其要求达到的模型元素见表 5-3。

施工图预算模型元素　　　　表 5-3

模型元素类型	模型元素及信息
上游模型	施工图设计模型元素及信息
土建	1. 混凝土浇筑方式（现浇、预制）、钢筋连接方式、钢筋预应力张拉类型（无预应力、先张、后张）、预应力粘结类型（有粘结、无粘结）、预应力锚固类型、混凝土添加剂、混凝土搅拌方法等； 2. 脚手架模型元素信息：脚手架类型、脚手架料获取方式（自有、租赁）； 3. 混凝土模板模型元素信息：模板类型、模板材质、模板获取方式等

续表

模型元素类型	模型元素及信息
钢结构	钢材型号和质量等级；连接件的型号、规格；加劲肋做法；焊缝质量等级；防腐及防火措施；钢构件与下部混凝土构件的连接构造；加工精度；施工安装要求等
机电	机电设备规格、型号、材质、安装或敷设方式等信息，且大型设备具有相应的荷载信息
施工图预算与工程量清单项目	1. 措施费、规费、税金、利润等； 2. 工程量清单项目的预算成本，工程量清单项目与模型元素的对应关系，工程量清单项目对应的定额项目，工程量清单项目对应的人材机消耗量，工程量清单项目的综合单价

5.2.4 施工图预算对建筑信息模型的精度要求

在施工图预算BIM应用中，施工图预算模型宜在施工图设计模型基础上，增加或关联预算信息。

1. 分部分项工程信息与模型关联

BIM模型之所以可以列出分部分项工程项目、可以套用定额和计算直接费是因为事先将这些信息与模型进行了关联。

例如，在Revit建筑模型中应增加图示有关信息（图5-5）。

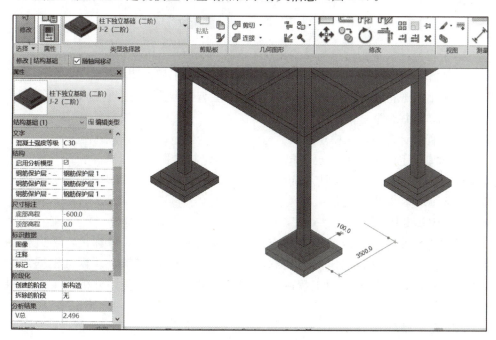

图5-5 模型中增加了独立基础"混凝土强度等级C30"信息

模型中增加了独立基础"混凝土强度等级C30混凝土单价""一、二阶承台的体积与面积"等信息，如图5-6所示。

施工图预算和成本管理应用BIM模型应达到LOD3.0~LOD4.0的精度要求。

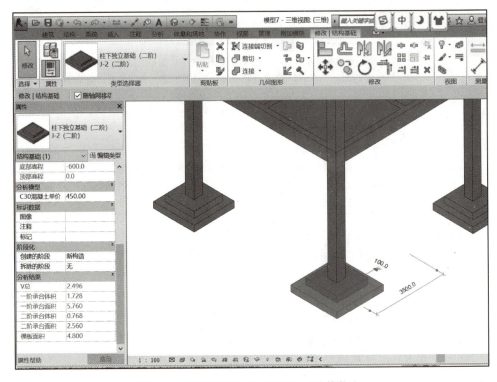

图 5-6　模型中增加 C30 混凝土单价等信息

2. 工程量计算规则信息与模型关联

将编制施工图预算采用的工程量计算规则，编制工程量清单报价采用的相关工程量清单计算规范中的工程量计算规则融入模型与模型关联是编制施工图预算或者清单报价的先决条件。

3. 工程量计算方法与模型关联

Revit 软件创建的模型中已经包含常用的体积与面积计算公式。在深化施工图预算与成本管理模型时，需要完善和设置符合现行工程量计算规则的计算公式。

4. 预算定额与模型关联

（1）定额套用

预算定额通过建立定额库，将定额的五类要素全部录入计算机，然后根据拟计算的分项工程项目确定的定额编号到定额库中套用定额，计算机根据定额五类要素数据计算出该分项工程的人工费、材料费、机械费并分析人工与材料用量。

建立BIM
造价定额库

（2）定额换算

软件设计人员将定额换算的方法写入程序，然后根据约定的条件和方法，计算机自动从定额库取出换算用定额的五类要素数据，然后依据定额数据、附录配合比定额、人材机单价，换算出符合要求的新定额数据并打印换算后的预算定额表。

练习题

一、简答题

1. 什么是施工图预算？
2. 简述施工图预算编制程序。
3. 什么是计价定额？
4. 什么是消耗量定额？
5. 什么是预算定额？
6. 预算定额包括哪些消耗量？
7. 什么是工程造价动态管理？
8. 简述工程造价动态管理方法。
9. 什么是数字造价管理？
10. 简述施工图预算 BIM 应用典型流程。
11. 施工图预算的模型有哪些来源？

二、单项选择题

1. 施工图预算应用 BIM 模型应达到（　　）。
   A. LOD1.0～LOD2.0 的精度要求　　B. LOD2.0～LOD3.0 的精度要求
   C. LOD3.0～LOD4.0 的精度要求　　D. LOD4.0～LOD5.0 的精度要求
2. 成本管理应用 BIM 模型应达到（　　）。
   A. LOD1.0～LOD2.0 的精度要求　　B. LOD2.0～LOD3.0 的精度要求
   C. LOD3.0～LOD4.0 的精度要求　　D. LOD4.0～LOD5.0 的精度要求

三、多项选择题

1. 施工图预算模型元素信息包括（　　）。
   A. 措施费　　　　　　　　　　　B. 规费
   C. 税金　　　　　　　　　　　　D. 消耗量
2. Revit 软件创建的模型中已经包含（　　）。
   A. 工程量计算规则　　　　　　　B. 常用的体积计算公式
   C. 定额消耗量　　　　　　　　　D. 常用的面积计算公式
3. BIM 技术工程量计算依据包括（　　）。
   A. 建筑信息模型　　　　　　　　B. 工程量计算规范
   C. 费用定额　　　　　　　　　　D. CAD 施工图
4. 工程造价计价模式有（　　）。
   A. 独立计价模式　　　　　　　　B. 项目管理计价模式
   C. 工程量清单计价模式　　　　　D. 定额计价模式

6 工程量计算 BIM 应用

6.1 BIM 技术工程量计算依据

BIM工程量
计算软件

BIM 技术工程量计算依据包括 CAD 施工图、建筑信息模型、相关工程量计算规范、预算定额等。

CAD 施工图用于转化建筑信息模型;建筑信息模型需要深化满足工程量计算的要求;工程量计算规范中的五大要素是确定分项工程清单项目以及计算工程量的依据;预算定额中的工程量计算规则是计算定额工程量的依据。

6.2 软件计算与手工计算工程量准备工作

软件计算工程量的程序是根据手工计算工程量的程序设置的。因此,软件计算与手工计算工程量准备工作是基本相同的。不同点是手工计算需要填写表格和列出计算式,计算机计算可以根据操作界面的提示进行,省时省力。具体工作内容见表6-1。

软件计算与手工计算工程量准备工作 表 6-1

软件计算工程量准备工作	手工计算工程量准备工作
1. 确定计价方式(清单计价或者定额计价) 说明: 清单计价方式需要计算清单工程量和定额工程量。 定计价方式只需要计算定额工程量	1. 明确计价方式(清单计价或者定额计价) 说明: 在清单计价方式下,先计算清单工程量,然后在编制综合单价时计算定额工程量
2. 确定工程量计算规范版本(工程量计算规则)	2. 选用工程量计算规范版本(工程量计算规则)
3. 确定预算定额版本(工程量计算规则)	3. 选用预算定额版本(工程量计算规则)
4. 录入工程名称	4. 填写工程名称
5. 确定层高、超高、室内外高差数据	5. 填写层高、超高、室内外高差数据
6. 确定建筑类型、结构类型	6. 填写建筑类型、结构类型
7. 将工程量计算规范导入工程量计算平台(建立工程量计算规范数据库)	7. 准备好工程量计算规范
8. 将预算定额及工程量计算规则导入工程量计算平台(建立定额与工程量计算规则数据库)	8. 准备好预算定额及工程量计算规则
9. 将清单工程量计算表、分析表、汇总表导入平台(建立数据表格数据库)	9. 准备好工程量计算与输出的各种表格

6.3 手工与 BIM 模型计算工程量流程

手工计算工程量与 BIM 模型计算工程量步骤对比如图 6-1 所示。

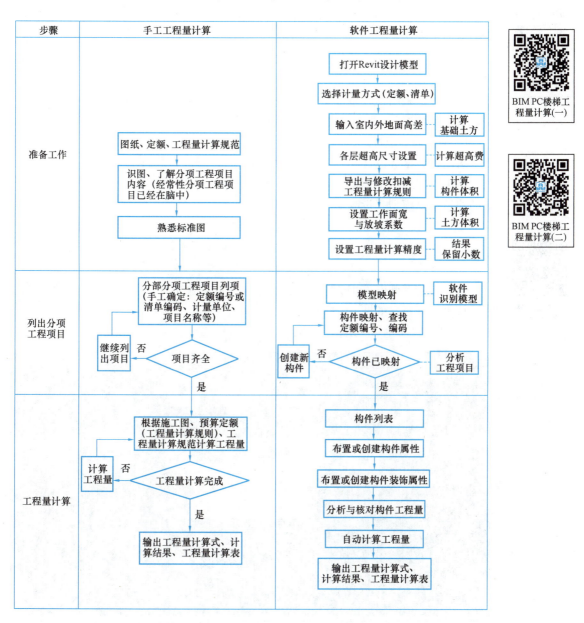

图 6-1 手工计算工程量与 BIM 模型计算工程量步骤对比示意图

6.4 国内工程量计算使用模型现状

1. 建筑信息模型建立方法

目前,各软件公司都可以应用建筑信息模型来计算工程量。建筑信息模型建立一般有两种方法:

第一种是采用设计单位交付的建筑信息模型进一步细化,精度达到要求后计算工程量。

第二种是采用设计单位交付的 CAD 施工图,用软件建立和深化为建筑信息模型,俗称"翻模"(这一方法,人工成本较高)。

2. 翻模的局限性

目前,大多数设计单位都是交付 CAD 图,所以各软件公司都开发了将 CAD 图"翻为"建筑信息模型的软件。由于没有标准,各软件公司依据 CAD 图翻模出来的建筑信息模型是没有通用性的。

6.5 工程量计算准备工作举例

某软件公司开发的 BIM 工程量计算软件可以直接导入 Revit 模型(第一种方法)计算工程量,如图 6-2 所示。

1. 打开软件导入建筑信息模型

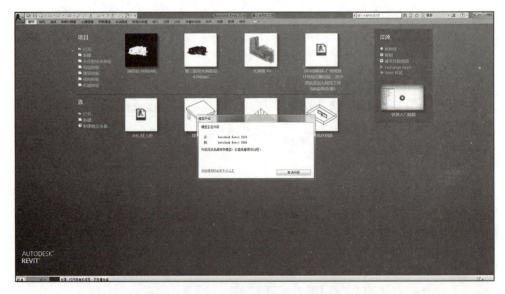

图 6-2 导入建筑信息模型示意图

2. 选择计价模式

需要选择确定该工程采用"工程量清单计价模式"还是"定额计价模式",如图 6-3 所示。

当选择了清单计价模式就要按照"××专业工程量计算规范"的工程量计算规则计算工程量;当选择了定额计价模式时,要按照"××地区××专业计价定额"的工程量计算规则计算工程量。

图 6-3 选择清单计价模式示意图

3. 参数设置

设置室内外地坪高差。室内外地坪高差是计算机能够自动计算挖基础土方、室内地坪回填土、外墙装饰、垂直运输高度等工程量的依据。

层高设置。要将这个条件输入计算机,然后软件才能自动计算现浇构件超高部分的模板工程量,如图 6-4 所示。

Revit平台
工程设置

4. 设置工程量计算先后顺序

计算工程量是有先后顺序的。例如,计算墙体工程量时需要扣除门窗洞口面积,所以应该按照顺序先计算门窗工程量。又如,构件的计算顺序,首先按楼层顺序比较,楼层越低的构件优先,即楼层低的构件工程量不扣减,楼层高的构件才被楼层低的构件扣减(图 6-5)。

5. 属性规则

当工程量计算软件可以直接识别 Revit 模型时,就能够快速地从 Revit 模型的族名、实例属性、类型属性中获取材质、强度等级、砂浆类型等信息,计算各项工程量。

工程量计算软件也可以由开发商自行定义非 Revit 模型格式的其他模型格式,自行定义各种属性规则。这时,各软件之间没有统一的标准,建筑信息模型及工程量计算结果数据只能在自己开发的工程量计算软件上运行使用,不能共享。

63

BIM 应用概论

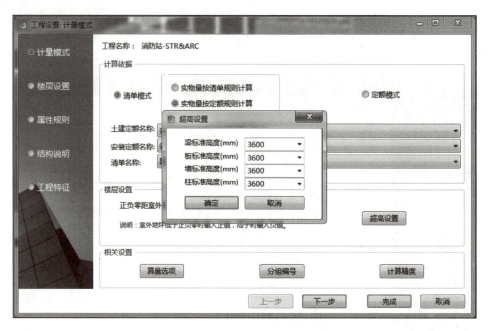

图 6-4　软件设置层高超高示意图

图 6-5　工程量计算先后顺序设置界面

可以识别 Revit 模型格式的工程量计算软件，共享了 Revit 模型原来全部属性资源的界面（图 6-6）。

6　工程量计算 BIM 应用

图 6-6　自动获取 Revit 模型属性资源界面

6. 工程特征

工程特征设置页面内容包括工程概况、计算定义、土方定义、安装特征等内容。

（1）工程概况

包括建筑面积确定、结构特征、使用材料等信息。这些信息是计算脚手架工程量、确定垂直运输项目的依据（图 6-7）。

图 6-7　工程概况定义界面

65

(2) 计算定义

计算定义是指确定有关计算内容或者计算属性。例如，外墙保温层是否计算钢丝网项目、确定天棚标高与楼板标高的高度差等（图6-8）。

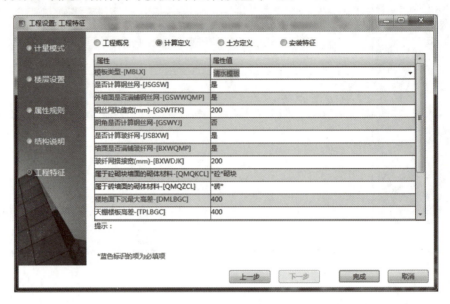

图6-8　工程计算定义界面（一）

(3) 土方定义

一般每个工程都会发生土方工程量。为了让计算机软件自动确定挖土项目和计算土方工程量，就需要事先给定各种参数，包括土壤类别、人工或者机械挖土、地下水位深度、基础垫层现浇是否支模等参数信息。例如，地下水位深度信息是确定计算挖干土工程量或者湿土工程量的重要依据（套用不同的计价定额项目），如图6-9所示。

图6-9　工程计算定义界面（二）

6.6　软件计算工程量准备工作小结

当前，不管采用什么工程量计算软件，都需要将计算条件和有关数据事先输入计算机。

为什么呢？因为计算机没有真正的思维判断能力，不能像人一样自己从建筑信息模型或者图纸中找到计算条件和数据，所以只有事先将全部信息与数据输入计算机，然后计算机才能根据人们给予的各种数据完成工程量计算工作。

计算机能够计算工程量，是通过软件实现的，而软件是程序员编写的，工程造价专家将一整套怎样依据工程量计算方法和工程量计算规范或者规则告诉程序员后，程序员才能完成工程量计算软件的编制工作。

可以这样说，计算机本身什么也不会，只能按照程序执行每一个步骤，程序出错了或者输入的数据出错了，计算结果就是错误的。

所以，工程量计算的各种条件和参数，如果导入的建筑信息模型没有包含，那么就要人工确定和输入。目前，几乎每一种工程量计算软件都需要人工设置有关参数。例如，要输入建筑面积，后面计算机可以依据建筑面积计算脚手架费用（计价定额规定）；又如，输入室内外地坪高差，计算机才能计算基础挖土方工程量；还有，人工确定现浇混凝土构件的强度等级，以便套用计价定额和确定混凝土单价等。这就是使用软件计算工程量的从业人员也要具备工程造价的相关知识和掌握计算方法的原因。

6.7　模　型　映　射

映射是个术语，指两个元素的集之间元素相互"对应"的关系。

这里的模型映射就是将建筑信息模型中与工程量计算有关的信息映射到工程量计算信息库中，并建立对应关系，并且可以将这些信息在建筑信息模型中显示出来，直观地供人们检查和调用。

当建筑信息模型中的与工程量计算有关的信息全部映射完后，需要检查是否满足工程量计算的需要，如果不满足就要继续补充新的信息内容，所以在模型映射阶段要按程序做很多工作。

1. 模型映射前准备

（1）规范族名

不是每一个建筑信息模型的族名规定都与工程量计算软件的规定一致，所以模型映射前，需要对模型中不规范的族名进行修改，可以点击"族名修改"，软件可以实现批量修改族名（图 6-10）。

（2）修改混凝土强度等级

根据工程的建筑说明及结构说明，需要核对模型中的材质和混凝土强度等级，如果不符合就要进行修改。所以软件提供了批量修改构件的混凝土强度等级、抗震等级、砂浆强度等级等信息的功能，修改混凝土强度等级的界面如图 6-11 所示。

BIM 应用概论

图 6-10　批量修改族名界面

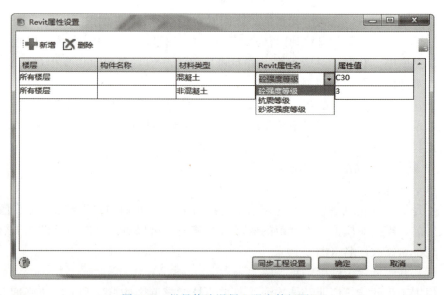

图 6-11　批量修改混凝土强度等级界面

2. 模型映射

(1) 查看构件映射规则

点击"规则库",查看构件映射规则,可对映射关键字进行修改编辑,操作方式为:双击构件关键字列的任意关键字进行编辑操作,如图 6-12 所示。

(2) 映射规则方案管理

可以点击映射规则中的方案库,将保存过的方案进行编辑、复制,如图 6-13 所示。

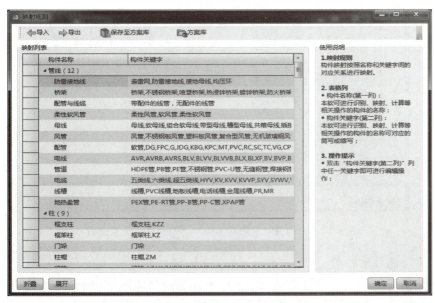

图 6-12 查看构件映射规则

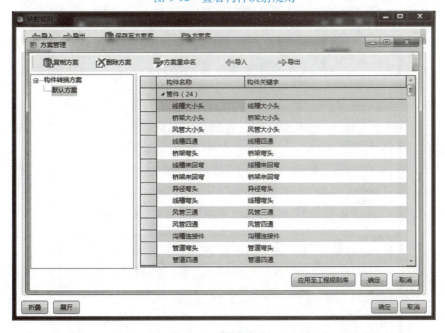

图 6-13 映射规则方案管理

(3) 查看构件映射对应关系

Revit 模型映射到工程量计算模型，是按照构件名称和关键字之间的对应关系进行映射的，如图 6-14 所示。

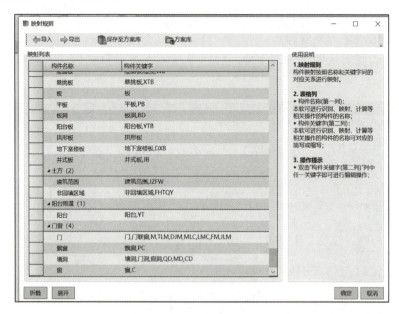

图 6-14　构件按照名称和关键字之间的对应关系映射

(4) 实施模型映射

所谓模型映射，就是将 BIM 模型上的各种信息按照事先确定的规则自动拷贝到工程量计算模型上去。然后点击"确定"，计算机自动完成模型映射的操作，如图 6-15 所示。

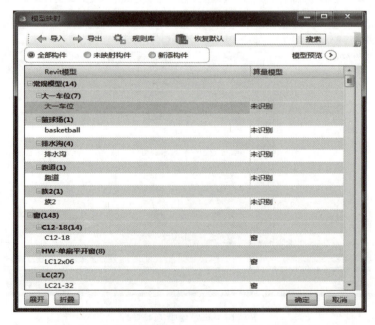

图 6-15　点击模型映射按钮弹出"模型映射"对话框

(5) 检查已映射的结果

软件的 BIM 模型与工程量计算模型映射完成后,可以检查已经完成映射的构件名称,如图 6-16 所示。

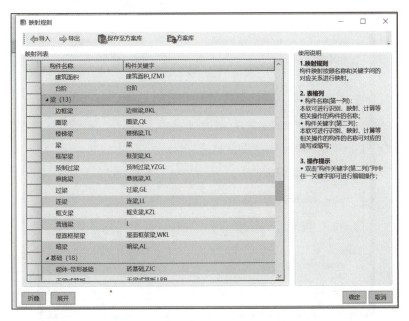

图 6-16　显示已经完成映射的构件名称

(6) 查看映射效果

打开已经完成映射的双扇平开窗(SC-0915)构件看得到模型映射信息,如图 6-17 所示。

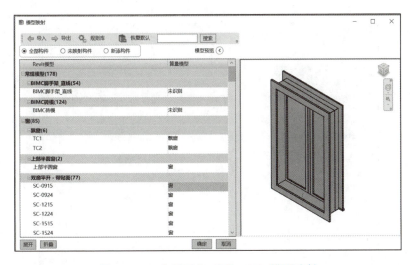

图 6-17　双扇平开窗(SC-0915)模型映射

(7) 查看未映射构件

再次点击模型映射按钮,点击"未映射构件"项,检查未映射构件项,将未识别成算量模型的 Revit 模型,手动调整,调整完成后点击"确定"再次完成模型映射,如图 6-18 和图 6-19 所示。

图 6-18 查看未映射构件(一)

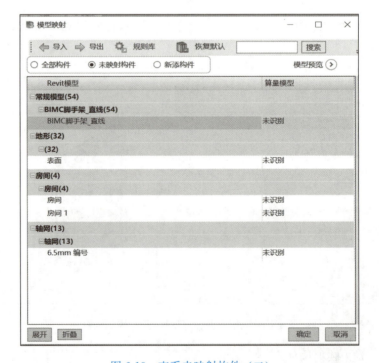

图 6-19 查看未映射构件(二)

6.8 应用 BIM 技术计算工程量成果举例

1. 软件分析汇总工程量

打开工程量计算软件,导入工程量计算模型,点击左上方的"分析汇总"按钮,就可以开始进行工程量计算,如图 6-20 所示。

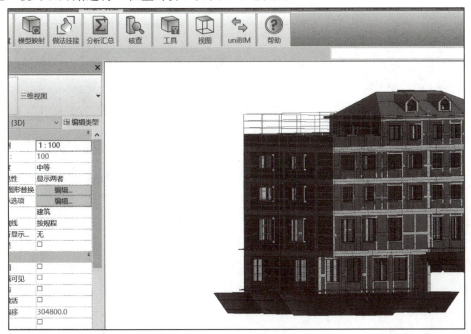

图 6-20 "分析汇总"进行工程量计算

2. 计算工程量

计算机自动找出要计算的分项工程量项目,分析模型中各相关工程量计算数据,自动计算工程量,如图 6-21 所示。

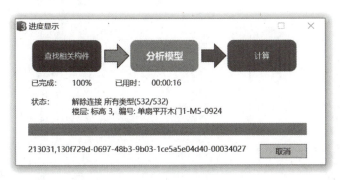

图 6-21 分析模型计算工程量

3. 工程量计算表

单位工程分部分项工程量计算后,软件自动汇总工程量计算表,如图 6-22 所示。

BIM PC墙工程量计算（一）

BIM PC墙工程量计算（二）

图 6-22 软件自动汇总的工程量计算表

4. 输出工程量计算表

软件汇总全部计算的工程量项目后，可以用 Excel 导出的工程量计算表，如图 6-23 所示。

BIM PC阳台工程量计算（一）

BIM PC阳台工程量计算（二）

图 6-23 用 Excel 导出的工程量计算表

练习题

一、简答题

1. 工程量计算软件为什么要先输入层高？
2. 为什么工程量计算软件都需要将计算条件事先输入计算机？
3. 什么是模型映射？
4. 为什么要对族名进行修改？
5. 可以修改 BIM 模型中混凝土强度等级吗？为什么？
6. 为什么计算机能自动找出要计算的分项工程量项目？
7. 软件计算出的工程量可以导出到 Excel 吗？为什么？

二、多项选择题

1. Revit 软件创建的模型中已经包含（　　）。
   A. 工程量计算规则　　　　B. 常用的体积计算公式
   C. 定额消耗量　　　　　　D. 常用的面积计算公式
2. BIM 技术工程量计算依据包括（　　）。
   A. 建筑信息模型　　　　　B. 工程量计算规范
   C. 费用定额　　　　　　　D. CAD 施工图
3. 在工程量计算软件中设置室外地坪高差是为了计算（　　）。
   A. 挖基础土方工程量　　　B. 地面找平层工程量
   C. 外墙装饰工程量　　　　D. 室内地坪回填土工程量
4. 应用 Revit 模型计算工程量软件可以自动获取族属性中的（　　）。
   A. 材质　　　　　　　　　B. 混凝土强度等级
   C. 操作计算机人姓名　　　D. 砂浆强度等级
5. 工程量计算软件的工程特征设置页面内容包括（　　）。
   A. 计算时间　　　　　　　B. 工程概况
   C. 计算定义　　　　　　　D. 土方定义

7 工程造价计算 BIM 应用

7.1 概 述

什么是工程造价

1. 工程造价费用构成

我国现行的建设工程造价费用由分部分项工程费、措施项目费、其他项目费、规费和税金构成,这些费用又分别细化分为若干个项目,具体内容和计算方法见表 7-1。

建设工程费用项目组成与计算方法　　　　表 7-1

序号	费用	组成内容	计算方法
1	分部分项工程费	人工费	$\sum_{i=1}^{n}$（工程量×定额基价）
		材料费	
		施工机具使用费	
		企业管理费	人工费×管理费率
		城市维护建设税、教育费附加、地方教育附加（营改增后暂时将这三项税费列入了企业管理费）	
		利润	人工费×利润率
2	措施项目费	单价措施项目费	$\sum_{i=1}^{n}$（工程量×定额基价）
		总价措施项目费	人工费×措施费率
3	其他项目费	暂列金额	业主确定
		计日工	招标人或投标人确定
		总承包服务费	总包工程费×费率
4	规费	社会保险费	人工费×费率
		住房公积金	
		工程排污费	按地区规定计算
5	税金	增值税	税前造价×增值税率

2. 建设工程造价费用计算程序

建设工程造价费用计算程序是指计算工程造价有规律的顺序。

建设工程造价费用计算程序可以描述为:

第一步,依据分部分项工程量和套用的预算定额项目的定额基价,计算人工费、材料费和施工机具使用费,并汇总为单位工程直接费(如果是编制工程量清单报价，需要编制单价来计算分部分项工程费）；

第二步，以上述直接费中的单位工程人工费为基数，乘以规定的企业管理费费率，得出单位工程企业管理费；

第三步，用单位工程人工费乘以规定的利润率，得出单位工程利润；

第四步，根据单价措施项目工程量和套用的措施项目预算定额基价，计算出单价措施项目费；

第五步，根据单位工程人工费乘以总价措施项目费率，计算出总价措施项目费；

第六步，若该工程要计算暂列金额、计日工、总承包服务费等有关费用，就按规定计算，列入工程造价；

第七步，根据单位工程人工费和规定的费率，计算社会保险费、住房公积金和工程排污费等规费；

第八步，将上述七步费用汇总为税前工程造价；

第九步，税前工程造价乘以增值税税率，得出单位工程增值税；

第十步，将上述全部费用汇总为单位工程工程造价。

3. 软件计算工程造价费用的特点

（1）根据工程量清单文件自动计算工程造价

应用 BIM 技术编制施工图预算或者工程量清单报价工作，一般分为两个阶段进行。第一阶段应用 BIM 模型计算工程量；第二阶段将应用 BIM 模型编制的工程量清单文件导入工程造价计算软件，完成工程造价各项费用的计算。

（2）预先建立预算定额和费用定额数据库

一般情况下，如果是编制施工图预算，在计算预算工程量前要根据施工图和预算定额列出单位工程完整的分部分项工程项目，套上预算定额编号；如果是编制工程量清单，在计算清单工程量前要根据施工图、工程量计算规范列出单位工程的全部清单项目，套上工程量计算规范的项目编码。

因此，要事先要建立预算定额数据库、工程量计算规范数据库，计算机才能知道完成列项套用定额编号或者项目编码任务。

（3）工程造价费用计算依据

工程造价费用计算依据包括应用 BIM 技术计算出的单位工程预算分部分项工程量项目或者清单工程量项目，预算定额和工程量计算规范，建设工程费用定额。

（4）工程造价费用计算内容

如果是编制施工图预算，根据工程量计算文件录入或自动确定预算定额编号，套用预算定额基价，计算单位工程定额直接费。然后计算企业管理费、利润、措施项目费、其他项目费和规费等各项费用并汇总为税前工程造价，然后根据税前工程造价和增值税率计算增值税，最后将上述费用汇总为工程预算造价。

如果是编制工程量清单报价，根据工程量清单文件录入或自动确定的项目编码套用预算定额项目和编制分部分项工程工程综合单价，然后计算分部分项工程工程费、措施项目费、其他项目费和规费等各项费用并汇总为税前工程造价，最后计算增值税并汇总为工程量清单报价。

4. 软件计算工程造价费用的优点

（1）快速准确

软件计算工程造价的速度与计算机的运行速度有关，一个 10 万 m^2 建筑面积的框架结构写字楼工程，根据已经计算出的工程量，几十秒到几分钟就可以计算出包括直接费在内的全部工程造价费用。

软件计算工程造价的准确性与计算公式和程序设计的准确性有关，工程造价费用的计算错误都是来自于计算公式错误和程序员写的程序错误。如果对计算公式和程序进行过严格的测试，没有发现问题，那么软件计算出的工程造价可以达到很高的精确度。

（2）解放劳动力

用人工计算工程造价直接费，是非常费工的。例如，一个有 200 个分项工程项目的工程，需要人工花几天时间套用定额项目，包括填写定额编号，填写项目名称，填写定额基价，填写人工费、材料费、机械费单价，填写人工、材料、机械台班消耗量等工作。接着还要花几天的时间用计算器计算和汇总分部分项工程直接费、人工费、材料费和机械费。而使用计算机，上述工作只需要几十秒至几分钟就可以完成，极大地解放了劳动力，这是计算机最大的功效之一。

（3）造价数据共享优势

以往，手工计算出的直接费计算表、费用计算表等需要人工誊写和复制，如果他人需要咨询数据还要手工录入或誊写。而计算机算出的工程造价费用结果的电子文档，用几秒钟就可以分享给别人，而且这些工程造价文件可以无限次共享，极大地发挥了共享文件的作用和优势。

7.2 工程造价计算软件操作流程

一般情况下工程造价计算软件可以编制施工图预算和工程量清单报价，如果是编制工程量清单报价其操作流程如下（图 7-1）。

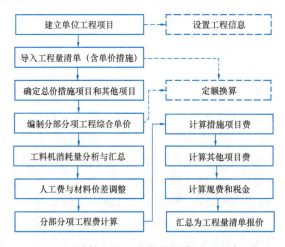

图 7-1 计算工程造价软件操作流程示意图

7.3 编制工程量清单报价举例

1. 新建单位工程计价文件

打开软件,在"新建向导"界面,点击"新建单位工程"按钮,弹出新建工程量清单报价书对话框,新建单位工程工程量清单报价文件,如图 7-2 所示。

清单报价
BIM 应用

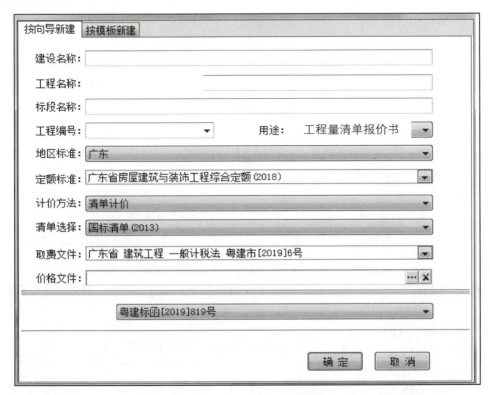

图 7-2 新建工程量清单报价书

2. 设置取费费率

与手工计算工程造价相同,计算机要事先根据工程造价行政主管部门核定的本企业"建设工程取费证"费率,确定该建筑工程项目本企业应该计算的工程造价费率,如图 7-3 所示。

3. 导入 Excel 工程量清单文件

BIM 工程量计算软件计算结果的格式由软件开发商定义,其定义格式的工程量计算结果不能共享。某工程量计算软件导出的 Excel 工程量计算结果导入工程造价计算软件,如图 7-4 所示。

4. 编制分部分项工程量清单项目特征

根据施工图做法说明和工程量计算规范,还需要编辑导入分部分项工程"项目特征"等内容,如图 7-5 所示。

BIM 应用概论

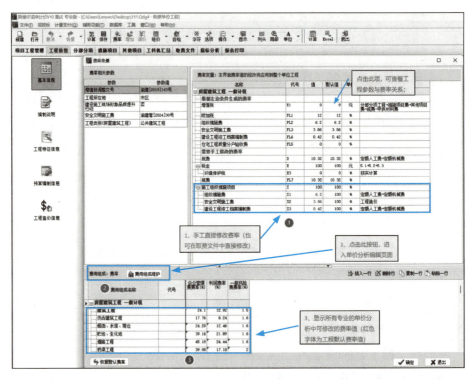

图 7-3 确定该建筑工程项目本企业应该计算的工程造价费率

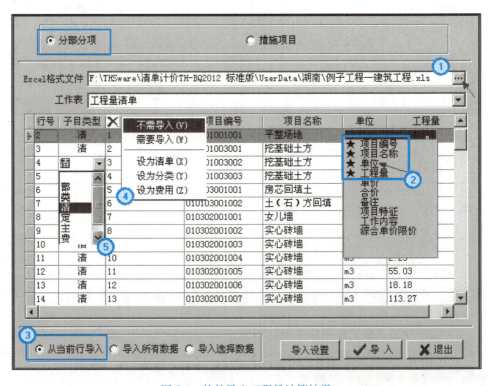

图 7-4 软件导入工程量计算结果

7 工程造价计算 BIM 应用

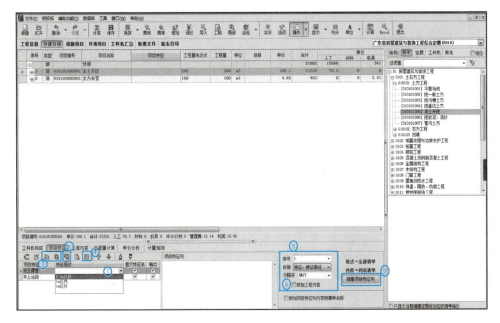

图 7-5 编辑分部分项工程"项目特征"内容

5. 编制分部分项工程综合单价

由于分部分项工程费是依据工程量乘以综合单价计算出来的,所以要根据分部分项工程的项目特征和工作内容,套用预算定额项目(有时可能会遇到一个清单项目对应几个预算定额项目的情况),将预算定额基价、人工费单价、材料费单价、机械费单价和材料定额消耗量填入综合单价计算表,计算机能编制分项工程清单项目的综合单价(图 7-6)。

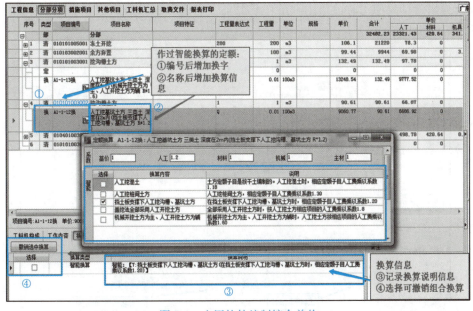

图 7-6 应用软件编制综合单价

BIM 应用概论

6. 分部分项工程直接费计算

上述操作编辑和确认了分项工程项目特征等内容，套用了预算定额，编制了综合单价后，就可以操作软件计算分部分项工程直接费，如图 7-7 所示。

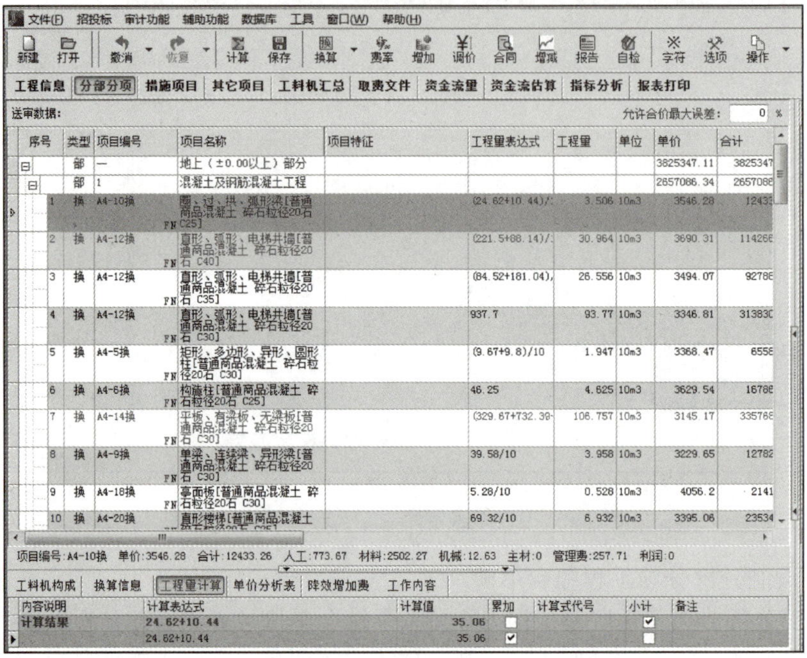

图 7-7 软件自动计算分部分项工程直接费

7. 工料机分析与汇总

计算机会根据分部分项工程工程量分别乘以套用的预算定额工料机消耗量，自动计算出分部分项工程分析消耗量，并汇总为单位工程工料机消耗量表，如图 7-8 所示。

图 7-8 分部分项工程工料机分析与汇总

8. 措施项目费计算

措施项目费的计算基数和费率的确定，各省、市、自治区的规定是不同的，所以要在计算机上选择确定和导入该工程的措施项目费计算项目、计算基数和费率，然后计算机就能自动计算该项费用，如图7-9所示。

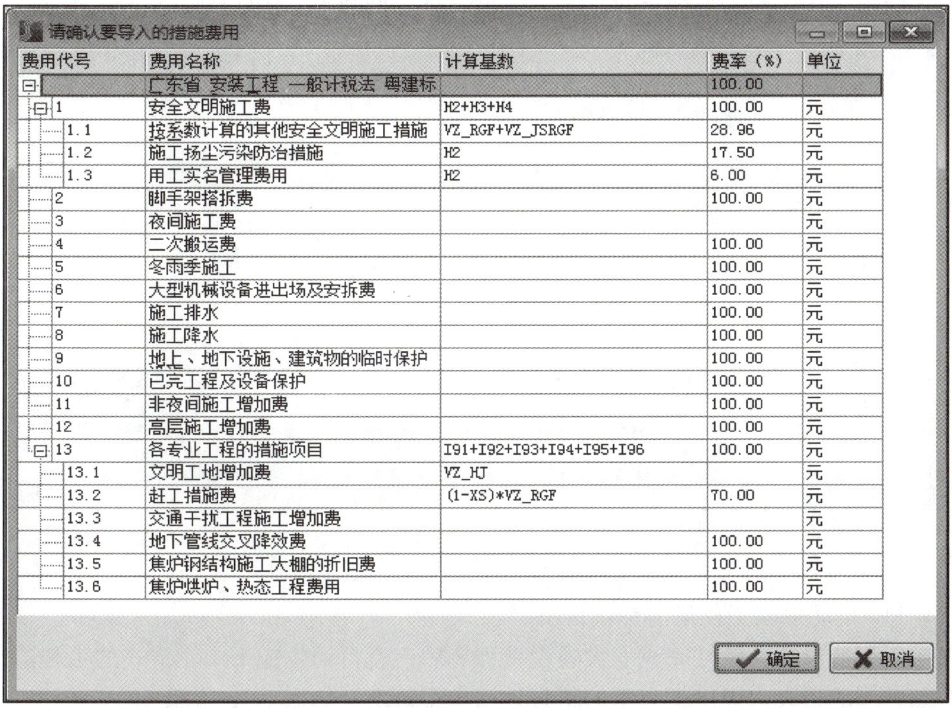

图7-9 选择项目与费率计算措施项目费

9. 其他项目费计算

一般情况下，每一个单位工程的其他项目费计算数据是不同的，因为每个工程招标控制价的其他项目费是不同的。所以，要在软件上操作确定本工程的其他项目费各项数据，如图7-10所示。

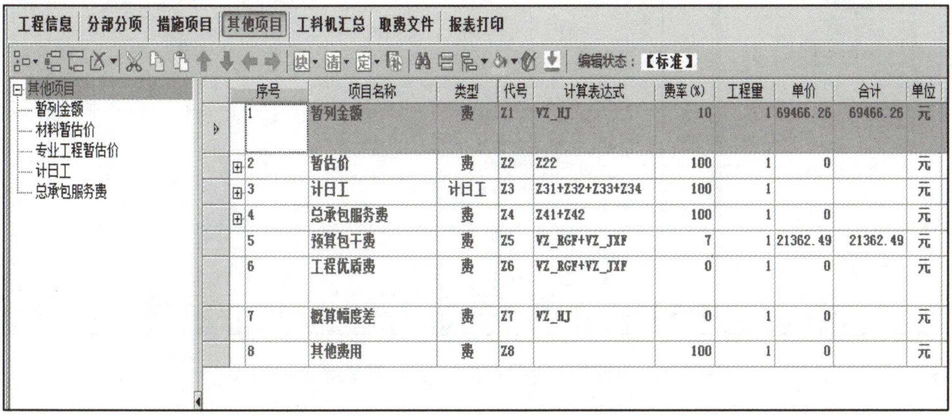

图7-10 软件操作计算其他项目费

10. 计算规费、增值税和汇总工程造价

一般情况下，各施工企业规费"五险一金"的计算基数和费率是不尽相同的，所以在计算该费用前要在计算机上进行设置。增值税计算基数和税率是根据统一规定，计算机会自动计算。计算机计算出上述两项费用后会自动将分部分项工程费、措施项目费和其他项目费汇总为工程造价，如图 7-11 所示。

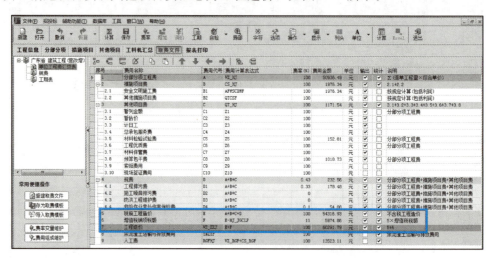

图 7-11 计算规费、增值税和汇总工程造价示意图

11. 自动生成工程量清单报价书

工程造价计算软件完成五大项税费计算后，就自动生成 Excel 格式的工程造价全部费用的报表，提供了完整的工程量清单报价书，如图 7-12 所示。

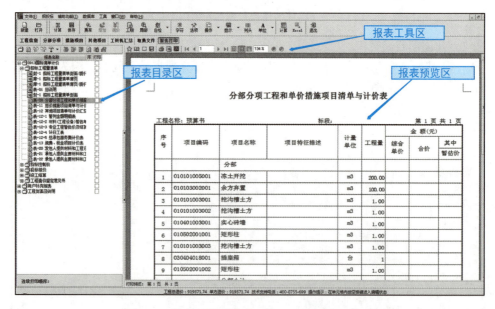

图 7-12 计算机软件自动生成工程量清单报价书

练习题

一、简答题

1. 什么是工程造价?
2. 施工图预算的模型有哪些来源?
3. 社会保险费的计算基数是什么?
4. 住房公积金的计算基数是什么?
5. 计算措施项目费前要计算工程量吗?为什么?
6. 应用软件计算工程造价为什么要事先建立预算定额数据库?

二、单项选择题

1. 建设工程造价费用计算程序是指计算工程造价的(　　)。

   A. 有规律顺序　　　　　　B. 方法
   C. 顺序　　　　　　　　　D. 规定

2. 软件计算工程造价费用的优点是(　　)。

   A. 快速准确　　　　　　　B. 打印迅速
   C. 存储方便　　　　　　　D. 汇总快速

三、多项选择题

1. 施工图预算模型元素信息包括(　　)。

   A. 措施费　　　　　　　　B. 规费
   C. 税金　　　　　　　　　D. 消耗量

2. 工程造价计价模式有(　　)。

   A. 独立计价模式　　　　　B. 3计价模式
   C. 工程量清单计价模式　　D. 定额计价模式

8 成本管理 BIM 应用

8.1 成本管理的概念

1. 成本的概念

成本是为取得物质资源所需付出的经济价值，包括产品生产中所耗用的物化劳动的价值（即已耗费的生产资料转移价值）和劳动者为自己劳动所创造的价值（即归个人支配的部分，主要是以工资形式支付给劳动者的劳动报酬）。

工程成本主要包括：完成建设工程项目施工中所发生的生产工人的人工费、材料费、机械使用费、施工管理费（包括分部分项工程费、措施项目费、其他项目费、规费中发生的上述费用）。

2. 成本管理的概念

充分动员和组织企业全体人员，在保证产品质量的前提下，对企业生产经营过程的各个环节进行科学合理的管理，力求以最少的生产耗费取得最大的生产成果。

8.2 成本管理的内容

基于BIM的成本管理

成本管理的内容主要包括成本预测、成本决策、成本计划、成本控制、成本核算、成本分析等。

1. 成本预测

成本预测是根据有关的成本资料及其他资料，通过一定的程序、方法，对本期以后的某一个期间的成本所作的估计。

2. 成本决策

成本决策是指在成本预测的基础上，通过对各种方案的比较、分析、判断后，从多种方案中选择最佳方案的过程。

3. 成本计划

成本计划是根据计划期内所确定的目标，具体规定计划期内各种消耗定额、成本水平以及相应的完成计划成本所应采取的一些具体措施。

4. 成本控制

成本控制是预先制定成本标准作为各项费用消耗的限额，在生产经营过程中对实际发生的费用进行控制，及时揭示实际与标准的差异额并对产生差异的原因进行分析，提出进一步改进的措施，消除差异，保证目标成本实现的过程。

5. 成本核算

成本核算是指对生产过程中发生的费用按一定的对象进行归集和分配，采用适当的方法计算出成本计算对象的总成本和单位成本的过程。

6. 成本分析

成本分析是根据成本核算所提供的资料及其他有关的资料，对实际成本的水平、构成情况，采用一定的技术经济分析方法计算其完成情况、差异额，分析产生差异的原因的过程。通过成本分析，可以总结成本管理工作中的成绩，找出存在的问题，提出解决问题的办法，掌握成本变动的规律，提出改进的措施。成本考核是根据企业制定的成本计划、成本目标等指标，分解成企业内部的各种成本考核指标，并下达到企业内部的各个责任单位或个人，明确各单位和个人的责任，并按期进行考核。上述成本管理的内容是相互联系的一个整体，他们相互依存，相互结合地在成本管理中发挥着作用。

8.3 工程造价中的成本

工程造价的成本包括分部分项工程费的人工费、材料费、机械台班费和企业管理费，以及措施项目费、其他项目费和规费中包含工程成本的有关费用。

住房和城乡建设部、财政部2013年颁发《建筑安装工程费用项目组成》（建标〔2013〕44号）规定建筑安装工程费用项目组成内容，以及"营改增"内容调整后的费用及成本分析见表8-1。

"营改增"后建筑安装工程费用项目组成及成本分析　　表8-1

序号	费用	组成内容	成本分析
1	分部分项工程费	人工费	工程成本
		材料费	
		施工机具使用费	
		企业管理费	
		城市建设维护税、教育费附加、地方教育附加	说明："营改增"后暂时将这三项税费列入了企业管理费
		利润	—
2	措施项目费	单价措施项目费	其中人工费、材料费、机械费、企业管理费等属于工程成本
		总价措施项目费	
3	其他项目费	暂列金额	
		计日工	
		总承包服务费	
4	规费	社会保险费	属于劳动者工资基金的"五险"费用属于成本
		住房公积金	—
		工程排污费	其中人工费、材料费、机械费、企业管理费等属于工程成本
5	税金	增值税	—

8.4 成本管理与 BIM 模型

1. 成本管理应用 BIM 模型的要求

《建筑信息模型施工应用标准》GB/T 51235—2017 中要求，成本管理中的成本计划制定、进度信息集成、合同预算成本计算、三算对比、成本核算、成本分析等宜应用 BIM 技术。

在成本管理 BIM 应用中，宜基于深化设计模型或预制加工模型，以及清单规范和消耗量定额创建成本管理模型，通过计算合同预算成本和集成进度信息，定期进行三算对比、纠偏、成本核算和成本分析工作，如图 8-1 所示。

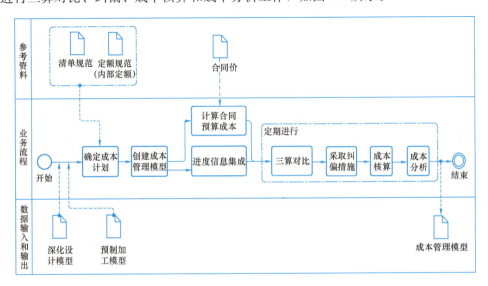

图 8-1 成本管理 BIM 应用典型流程

确定成本计划时，宜使用深化设计模型或预制加工模型按标准确定施工图预算，并在此基础上确定成本计划。

创建成本管理模型时，应根据成本管理要求，对导入的深化设计模型或预制加工模型进行检查和调整。

进度信息集成时，应为相关模型元素附加进度信息；合同预算成本可在施工图预算基础上确定，成本核算与成本分析宜按周或月定期进行。

2. 施工图预算模型与成本控制信息关联

在成本管理 BIM 应用中，成本管理模型宜在施工图预算模型基础上增加成本管理信息，其内容宜符合表 8-2 的规定。

成本管理模型元素及信息　　　　　表 8-2

模型元素类型	模型元素及信息
上游模型	深化设计模型或预制加工模型元素及信息
成本管理	施工任务、施工时间、施工任务与模型元素的对应关系；工程量清单项目的合同预算成本、施工预算成本、实际成本

8　成本管理 BIM 应用

3. 清单工程量与模型工程量对比分析

成本管理清单工程量与模型工程量对比分析，如图 8-2 所示。

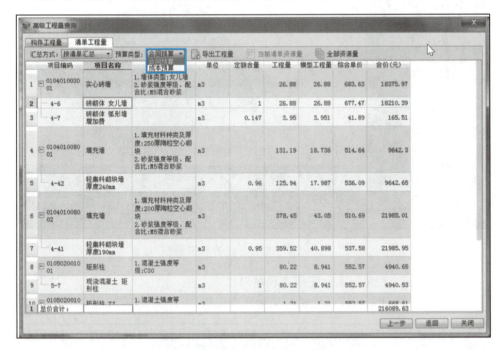

CAD 平台
工程量计算

图 8-2　成本管理清单工程量与模型工程量对比分析

4. 成本信息与模型关联

成本文件与模型关联示例，如图 8-3、图 8-4 所示。

图 8-3　成本文件与模型关联

89

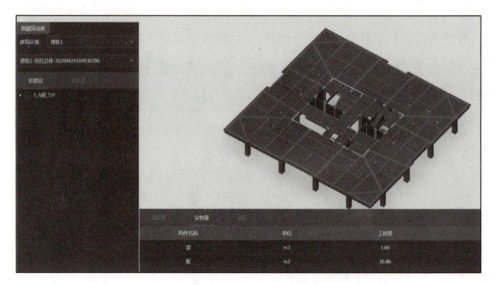

图 8-4　与成本文件关联的 BIM 模型

5. 计划完成工程量与实际完成工程量对比

应用模型完成计划完成工程量与实际完成工程量对比工作，如图 8-5 所示。

图 8-5　计划完成工程量与实际完成工程量对比

6. 工程成本"三算对比"

工程成本控制的中标价、预算成本、实际成本"三算对比"，如图 8-6 所示。

7. 材料消耗量"三算对比"

单位工程材料消耗量"三算对比"，如图 8-7 所示。

8. 资金计划与模型关联

单位工程施工进度资金计划与模型关联，如图 8-8 所示。

基于BIM的
成本控制

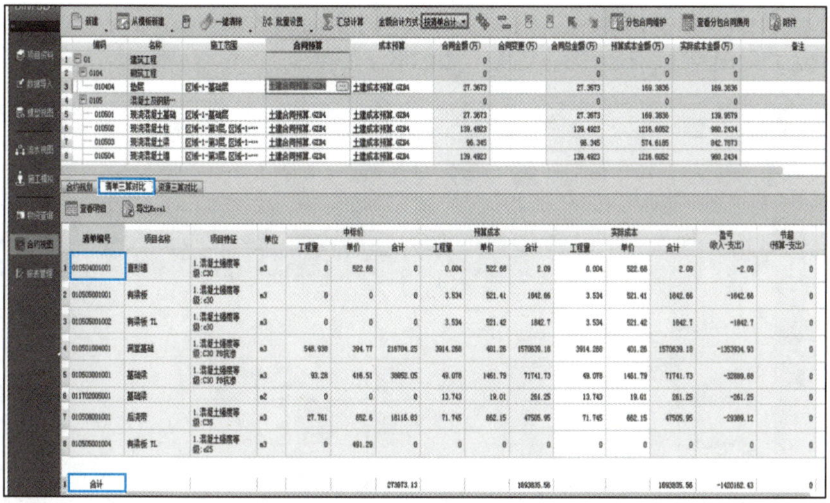

8 成本管理 BIM 应用

图 8-6 工程成本"三算对比"

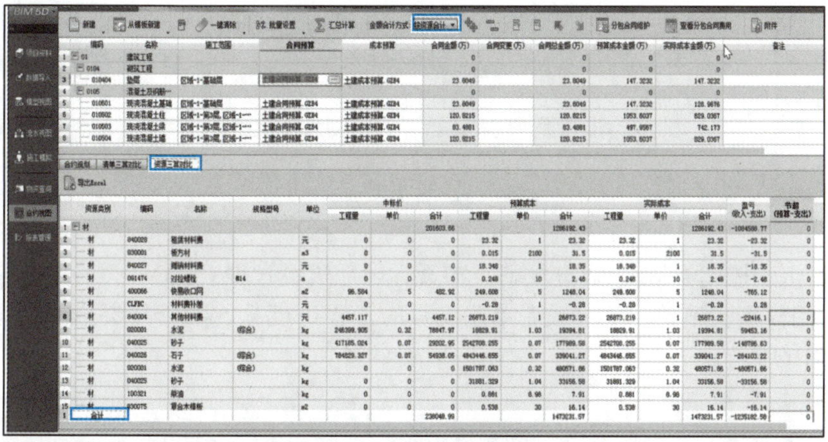

图 8-7 材料消耗量"三算对比"

图 8-8 资金计划与模型关联

9. 模型与资金管理关联

单位工程模型与资金管理关联，如图 8-9 所示。

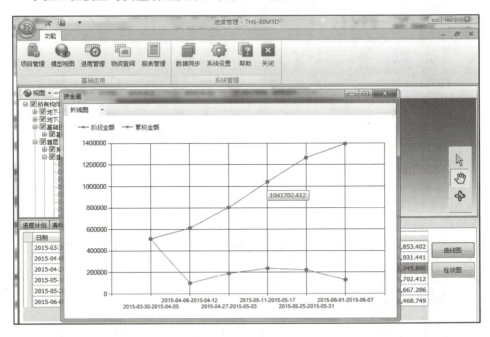

图 8-9　模型与资金管理关联

10. 应用模型实施工程进度款、物资管理与资金管理

应用模型实施单项工程或者单位工程的工程进度款、物资与资金的动态管理，如图 8-10 所示。

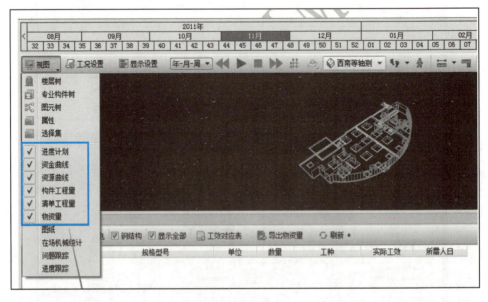

图 8-10　工程进度款、物资与资金的动态管理

11. 建筑资源消耗量控制曲线

应用模型显示单位工程施工生产建筑资源消耗量控制曲线，如图 8-11 所示。

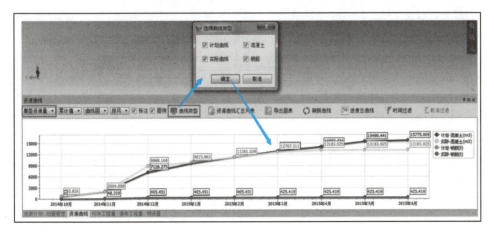

图 8-11　建筑资源消耗量控制曲线

12. 材料计划消耗量与实际消耗量对比

应用模型进行材料计划消耗量与实际消耗量对比分析，如图 8-12 所示。

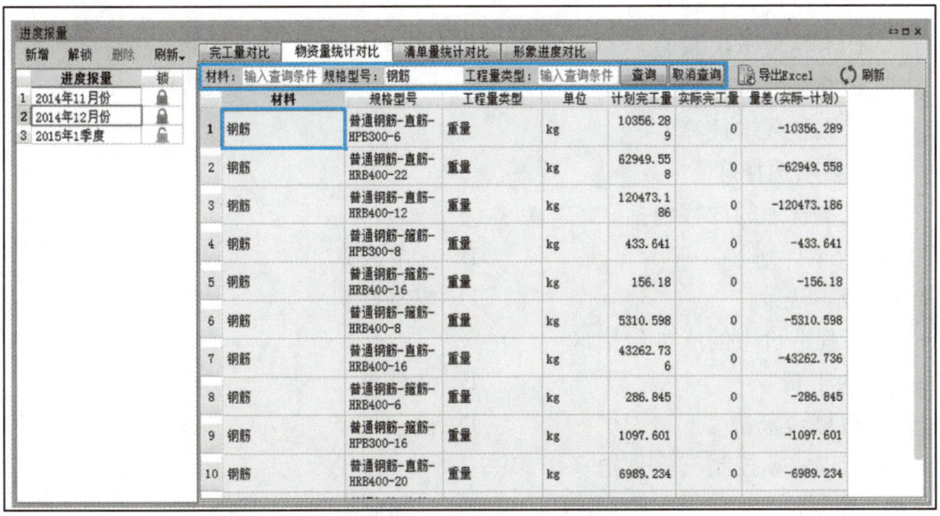

图 8-12　材料计划消耗量与实际消耗量对比

13. 与模型关联后统计的资金使用曲线

应用工程模型关联资金使用计划和实际使用量，自动显示资金使用曲线，如图 8-13 所示。

BIM 应用概论

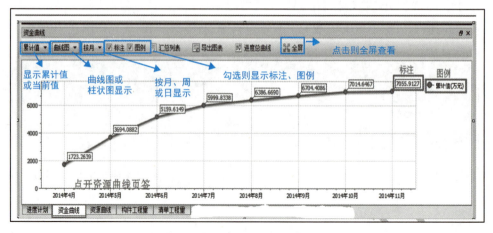

图 8-13　资金使用曲线

 练 习 题

一、简答题

1. 什么是工程成本？
2. 什么是成本管理？
3. 什么是成本决策？
4. 什么是成本计划？
5. 什么是成本核算？

二、多项选择题

1. 成本管理的内容包括（　　）。
   A. 成本计划　　　　　　　　B. 资金核算
   C. 成本决策　　　　　　　　D. 成本控制
2. 工程造价中的成本包括（　　）。
   A. 人工费　　　　　　　　　B. 材料费
   C. 机械台班费　　　　　　　D. 税金
3. 工程成本控制三算是指（　　）。
   A. 控制价　　　　　　　　　B. 实际成本
   C. 预算成本　　　　　　　　D. 中标价

9 竣工验收阶段及竣工结算 BIM 应用

9.1 竣工验收阶段 BIM 应用内容

1. 竣工验收的相关资料整理

竣工验收阶段资料管理就是施工单位通过 BIM 技术的帮助快速完成竣工验收的相关资料整理，缩短资料准备时间，同时也可以避免因资料准备未按时提交建设单位延误竣工验收造成工期和费用等损失。

2. 编制竣工结算

竣工验收阶段施工单位的工作主要是竣工结算和工程总结。竣工结算是按照合同有关条款和价款结算办法的有关规定根据现场施工记录，设计变更通知书，现场变更鉴定，定额预算单价等资料，进行最终工程量的计算和合同价款的增减或调整计算，并在规定的时间内提交建设单位进行确认，完成工程项目的交接。

3. 工程总结

工程总结包括项目部和施工企业两个层次，主要是对工程的进度、质量、安全、成本等方面的情况进行分析总结，对项目施工的各种资料进行整理归档，并通过知识管理形成项目知识库。

9.2 基于 BIM 的竣工结算内容

竣工结算BIM应用

竣工结算工作主要有最终工程量计算和结算价款的计算、竣工结算文件的编制、工程款的申报与支付工作以及缺陷责任期结算。

BIM 在竣工结算中的应用主要体现在竣工工程量计算和工程价款计算两方面，BIM 竣工结算实施工作流程如图 9-1 所示，具体实现方法为：

1. 建立竣工结算模型

根据最终建成的工程实体完成施工模型的转化，建立可为竣工结算使用的竣工模型。

2. 编制竣工结算统计表

应用 BIM 算量计价软件根据 BIM 竣工模型、过程结算资料、合同价款调整文件以及投标文件等计算竣工结算工程量，编制工程价款统计表。

3. 核算工程量和工程成本

将竣工结算资料与竣工模型进行对比分析，检查是否有缺项漏项或者重复计算，各项变更或索赔等费用是否落实，并对竣工结算工程量和各项工程成本进行核算分析。

4. 编制竣工结算文件

通过 BIM 系统快速输出随施工过程所形成的电子档案资料，并将各类资料整理形成符合建设单位要求的竣工结算文件。

5. 争议事件责任划分

通过查询 BIM 系统中上传的施工过程资料和施工日志以及施工模型的辅助，可以更清晰地对争议事件责任进行划分，使双方争议事件得到快速有效解决。

6. 交付运营模型

竣工结算后施工单位要完成竣工模型的转化，建造可为运维阶段服务的运维模型并交付建设单位，一方面有利于业主利用 BIM 运维模型快速检索到所需要资料，提升物业管理能力；另一方面有利于施工单位利用运维模型在缺陷责任期内对建筑项目进行维护与保修，制定切实可行的工程保修计划。

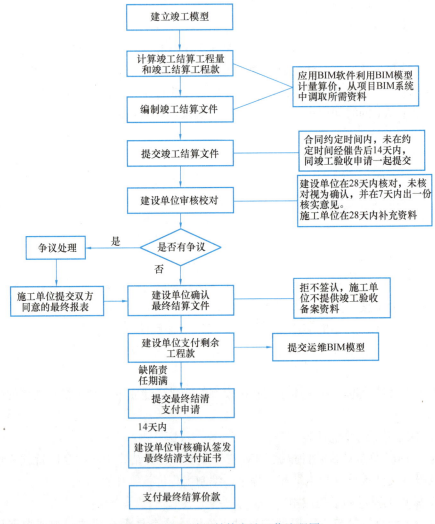

图 9-1　BIM 竣工结算实施工作流程图

9 竣工验收阶段及竣工结算 BIM 应用

9.3 竣工结算 BIM 应用

1. 工程结算资料与模型关联

将单位工程结算资料与 BIM 模型关联，为编制工程结算做好准备，如图 9-2 所示。

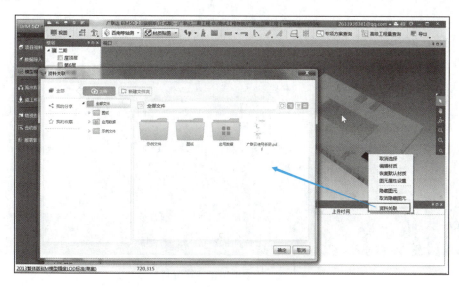

图 9-2 工程结算资料与模型关联

2. 在 BIM 模型中查看合同清单数据

打开工程结算编制软件操作界面，点击"查看 BIM 模型"按钮，查看单位工程合同清单数据及合同所属模型在整栋楼中的分布情况，辅助编制工程结算，如图 9-3 所示。

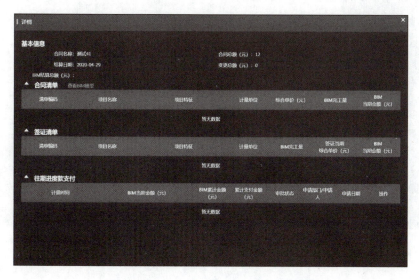

图 9-3 在 BIM 模型中查看合同清单数据

BIM 应用概论

3. 查看模型中工程结算资料

打开工程结算编制软件操作界面,点击"合同名称"列,可以查看具体工程结算资料,包括所有合同清单信息、签证信息、甲供材信息、扣款信息、往期进度款支付信息等,辅助编制工程结算,如图 9-4 所示。

图 9-4　模型中工程结算资料

4. 应用 BIM 模型查看工程结算资料

打开工程结算编制软件,点击"查看 BIM 模型",可以查看合同清单数据及合同所属模型在整栋楼中的分布情况,如图 9-5 所示。

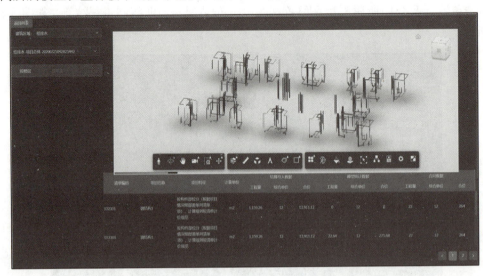

图 9-5　BIM 模型与工程结算同步

5. 工程量变更自动替换 BIM 模型

打开工程结算编制软件操作界面,选中一条变更数据,点击"新增算量成果",弹出如图 9-6 所示的界面。变更后的 Revit 模型会自动替换变更前的 Revit 模型,并生成一个预览的算量成果。

图 9-6　工程量变更自动替换 BIM 模型

6. 工程结算造价计算

当工程结算工程量、各种价格和取费依据等相关工程结算数据调整好以后,就可以按照编制工程量清单报价的方法计算单位工程结算。

 练习题

一、简答题

1. 什么是三算?
2. 什么是竣工结算?
3. 工程结算资料可以与模型关联吗?为什么?
4. 在软件中可以查看模型中工程结算资料吗?

二、多项选择题

1. BIM 在竣工结算中的应用主要体现在(　　)。

A. 工程款支付　　　　　　　　B. 工程签证资料
C. 竣工工程量计算　　　　　　D. 工程价款计算

2. 基于 BIM 的竣工结算内容包括(　　)。

A. 翻模　　　　　　　　　　　B. 建立竣工结算模型
C. 核算工程量　　　　　　　　D. 交付运营模型

10 智能建造 BIM 应用

10.1 智能建造概述

10.1.1 智能建造的概念

智能建造是以土木工程专业的基本知识与技能为基础,面向国家战略需求和建筑业的升级转型,运用建筑信息模型(BIM)、互联网、物联网、大数据、云计算、移动通信、人工智能、区块链等新技术的集成与创新应用,进行智能规划与设计、智能生产与施工、智能运维与管理的方式。

10.1.2 智能建造的目标与内容

智能建造的内容包括大力发展装配式建筑;大力推动建立以标准部品为基础的专业化、规模化、信息化生产体系;加快推动新一代信息技术与建筑工业化技术协同发展;在建造全过程加大建筑信息模型(BIM)、互联网、物联网、大数据、云计算、移动通信、人工智能、区块链等新技术的集成与创新应用;大力推进先进制造设备、智能设备及智慧工地相关装备的研发、制造和推广应用,提升各类施工机具的性能和效率,提高机械化施工程度;加快传感器、高速移动通信、无线射频、近场通信及二维码识别等建筑物联网技术应用,提升数据资源利用水平和信息服务能力;加快打造建筑产业互联网平台,推广应用钢结构构件智能制造生产线和预制混凝土构件智能生产线。

10.2 智能建造项目设计 BIM 应用

10.2.1 设计阶段 BIM 软件

BIM 建模没有特定的软件,它是由一组软件组成的一个软件群。目前世界范围内,BIM 建模软件分为 BIM 核心建模软件和基于 BIM 模型的分析软件,其中 BIM 核心建模软件主要有 Autodesk Revit、Bentley、ArchiCAD、Catia、Rhino 等软件。

10.2.2 国内建模软件

国内的建模软件一般不是原创施工图设计软件,是根据 CAD 施工图的数据信息重新录入软件的工作过程,所以这项工作应该叫"翻模",而不是"建模"。

但是,随着对国外建模软件认识和使用的不断深入,我国有一些建设软件开发商研发了自主知识产权的建模平台软件。

10.2.3 设计阶段模型参考的主要标准规范

在设计阶段,应参考以下主要标准规范:《建筑信息模型分类和编码标准》GB/T 51269—2017(图 10-1),《民用建筑信息模型设计标准》DB11/T 1069—2014(图 10-2)等。

10 智能建造 BIM 应用

图 10-1 《建筑信息模型分类和编码标准》封面

图 10-2 《民用建筑信息模型设计标准》封面

10.3 智能建造工程量计算 BIM 应用

10.3.1 智能建造 BIM 模型的特点

由于建筑信息模型需要支持建筑工程全生命周期的管理，因此建筑信息模型的结构是一个包含数据模型和行为模型的复合结构。

除了包含与几何图形及数据有关的数据模型外，还包含与管理有关的行为模型，两者结合通过关联为数据赋予意义，因而可用于模拟真实的建筑施工过程的全部行为。例如模拟施工准备、施工进程、质量管理、安全管理、成本控制等全部过程。

10.3.2 BIM 工程量计算举例

1. "三维算量 for Revit"工程量计算软件简介

目前，国内有基于 Revit 平台的"三维算量 for Revit"工程量计算软件，是一款结合国际先进的 BIM 理念设计的集清单工程量与定额工程量计算为一体的 3D 工程量计算软件。

该软件基于国际先进 Revit 平台开发，利用 Revit 平台先进性，将 Revit 建筑信息模型与编制工程量清单和计算定额工程量的数据源（算量模型）相统一。能将工程量计算规范和各地区的计价定额工程量计算规则融入算量功能模块中，突破了 Revit 平台上无法利用建筑信息模型直接计算工程量、编制工程量清单的瓶颈，实现了 BIM 技术落地与 Revit 软件计算工程量本土化的愿望。

2. 三维算量 for Revit 软件特点

三维算量 for Revit 软件突破了传统算量软件提取 CAD 图纸后按楼层、分构件、分类别转化和调整的瓶颈,轻松实现了全部楼层、全部构件的批量修改,一键实现 Revit 模型到算量模型转化,一键工程量计算与汇总。具有集专业化、易用化、人性化、智能化、参数化、可视化于一体的特点,实现设计模型即为算量模型的特性,真正做到"所建即所得"的植于 Revit 平台的智能化软件。

(1) 设计文件快速转换为算量文件

直接将设计文件转换为算量文件,无需二次建模,避免传统算量软件由于转化失败出现的构件转换丢失现象和对模型准确性的质疑。

(2) 一模多用

模型基础数据共享,实现快速、准确、灵活输出,按清单、定额、构件实物量和进度输出工程量。对构件实例根据需求添加私有属性灵活输出。

(3) 操作简便

算量系统功能高度集成,操作简便统一,具有流水般的工作流程,使用方便、简洁,流程清晰,能实现无师自通。

(4) 系统智能

基于 Revit 平台直接转化模型算量,并针对 Revit 的特性及本土化算量和施工的需要,增加了用户想创建却不能灵活创建的构件。例如、过梁、构造柱等构件。

(5) 计算准确

根据用户选定计算规则,分析相交构件的三维实体,实现清单规范工程量计算规则规定或者定额计算规则规定的计算方法,准确扣减和计算工程量。

(6) 输出规范

工程量和计算式输出的报表设计灵活,提供各地常用报表格式,按需导出计价格式或 Excel 文件。

10.4 智能建造施工 BIM 应用

10.4.1 施工准备可视化模拟 BIM 应用

在施工准备阶段对工程项目进行施工可视化模拟之前,应先做好 BIM 应用策划,确定 BIM 应用所需的信息要求和基础条件,包括上游模型和相关施工准备资料信息。确定施工可视化模拟的应用范围和内容,制作施工组织模拟模型及施工工艺模拟模型,并将施工准备、工序安排、资源配置和平面布置等相关信息集成到模型,为施工可视化模拟提供基础。

10.4.2 基于 Revit 软件的施工方案模拟

使用 Revit 软件进行施工模拟应用,可以直接使用前期通过 Revit 建立的土建专业模型,然后通过 IFC 格式文件将其他专业的模型文件导入 Revit 中。在此基础上,利用 Revit 建立模型需要的其他模型元素,然后进行模拟应用。

基于 Revit 软件的施工模拟可导出如下成果:

(1) 二维图纸。Revit 可以直接绘制二维图纸,通过软件导出 DWG 格式文件,可用 AutoCAD 软件进行处理完善。

（2）三维模型图片。Revit 可以渲染输出多种图像格式的模型三维图像，为方便后期的编辑和使用，通常导出 JPEG 格式的文件。

（3）三维模型模拟动画。Revit 模型文件可以导出 NWC 格式文件，导入 Navisworks 软件中；也可以导出 FBX 格式文件，或通过"Design Suite"设计工作流功能直接导入 3DS Max 软件中，制作三维模型模拟动画。

10.4.3 智能建造施工进度管理 BIM 应用

基于 BIM 的智能建造项目施工进度管理是以建设单位要求的工期为目标，在 BIM 整体模型的基础上，将项目进行分解，附加时间信息，并与资源配置、质量保障措施、安全保障措施、环保措施、现场布置等信息融合在一起，以模型的动态形成过程表现项目的施工过程，实现对进度的可视化管理，在建设准备阶段通过施工过程模拟对施工进度、资源配置以及场地布置进行优化，在施工过程中进行进度跟踪、实际进度与计划进度的对比，分析纠偏等工作。BIM 技术为施工进度管理提供强大的数据支持，不仅能实现全过程施工的精细化管理，减少不必要的返工，更加能够利用协同平台传递信息提高工作效率，有利于在施工实施过程中利用信息化手段实现智能化管理。BIM 施工进度管理流程如图 10-3 所示。

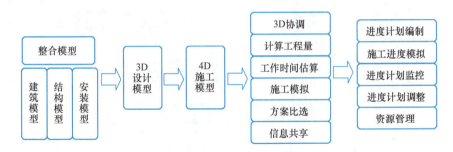

图 10-3 基于 BIM 的进度管理

通常项目中采用 Revit、MagiCAD、土建 BIM 算量等软件建立 BIM 建筑、结构、机电等各专业的 3D 模型，通过 BIM 5D、Navisworks 等软件完成各专业 BIM 模型的整合，分阶段建立的施工现场平面布置与三维模型的整合，导入施工进度计划，与 BIM 模型各构件赋予关联，即为各构件添加时间信息，定义开始时间、持续时间，动态演示项目整体或局部的施工进度以及现场布置情况，从而模拟施工现场实际施工过程的虚拟建造过程。该功能有助于及时管控施工进程，进行时间、空间、资源多维度的进度分析。

10.4.4 构建 BIM 实时模型

BIM 实时模型是指与建设项目施工现场的进度同步，与建筑物的实际施工完成情况一致的三维信息模型。BIM 实时模型随着施工进展的执行而不断变化，需要依据实际施工进度对初始构建的 BIM 施工模型进行动态调整和更新。人工调整 BIM 4D 实时模型建立是 BIM 4D 施工进度跟踪中最为常用的一种方式，由建模人员依据 BIM 4D 模型构建原则及方法，使用 BIM 建模软件工具，根据施工现场采集的施工进度数据，结合已构建的 BIM 施工模型进行及时数据集成和模型调整，具体流程如图10-4所示。

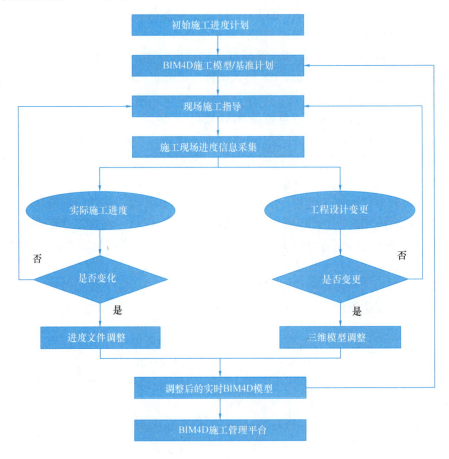

图10-4 BIM实时模型构建流程

10.4.5 应用BIM模型进行动态质量管理

1. 质量信息的采集与收录

BIM模型在工程质量管理中的应用，关键是要加强信息管理，依托于BIM模型进行工程信息的传递，从而形成对整个工程施工质量的监督。将施工过程中发现的各种工程质量问题上传BIM协同平台，建立智能建造质量模型。

（1）信息采集

施工现场的信息采集，应参照施工现场的具体状况，采取不同采集方法。例如，基础数据录入采集，包括相机照片、数码拍照等。工程现场条件复杂情况时，则应借助全景扫描技术保持信息获取。

（2）质量信息的收录

施工现场各种信息数据采集完毕后，应该把这些信息收录在BIM数据库内，在已有的模型基础上增加质量信息属性，包括工程施工状况、时间、施工进度、问题处理状况等，在BIM模型内部健全、完善质量信息系统。

2. 设计图的质量影响

设计图的设计质量会在很大程度上影响整个工程的建设质量。例如，平面、立面、剖面图不匹配，平面图与大样图之间有差异等，以及设备、管线之间产生冲突等，这些都是设计图设计中常见的质量弊病。

引入 BIM 模型能有效解决这些问题，通过模型更加清晰、全面、细致地呈现工程结构、构件等信息。同时，利用碰撞检查软件将模型中存在碰撞问题的部位及时检查出来，从而保证施工的顺利进行。

3. 竣工质量的控制

BIM 模型能在工程竣工阶段发挥质量监管功能。立足于已经提交的 BIM 施工模型，施工企业中的相关技术负责人参照设计变更、技术核定单等的相关规定，结合工程实地施工情况，对 BIM 施工模型实施动态调整与维护，最终形成高质量的 BIM 竣工模型。

10.5　建筑机器人 BIM 应用

10.5.1　建筑机器人的概念

建筑机器人是指自动或半自动执行建筑工作的机器装置，其可通过运行预先编制的程序或人工智能技术制定的原则纲领进行运动，替代或协助建筑人员完成如焊接、砌墙、搬运、天花板安装、喷漆等建筑施工工序，能有效提高施工效率和施工质量，保障工作人员安全，未来也必将会降低施工成本。

10.5.2　建筑机器人的组成

建筑机器人与普通工业机器人一样，通常由驱动系统、机械结构系统、感受系统、人机交互系统和控制系统组成。

1. 驱动系统

驱动系统的作用是提供机器人各部分、各关节动作的动力。驱动系统传动部分可以是液压传动系统、电动传动系统、气动传动系统，或者是几种系统结合起来的综合传动系统。

2. 机械结构系统

机器人机械结构主要由四大部分构成：机身、臂部、腕部和手部。末端操作器是直接安装在手腕上的一个重要部件，它可以是各种形式的，如抓手型、多手指型、夹板型、吸盘式等，也可以是喷漆枪、刀具或者焊具等作业工具。

3. 感受系统

感受系统由内部传感器模块和外部传感器模块组成，用于获取内部和外部环境状态中有意义的信息。智能传感器可以提高机器人的机动性、适应性和智能化水准。

4. 人机交互系统

人机交互系统是指操作人员参与机器人控制，并与机器人进行联系的装置，例如，计算机的标准终端、指令控制台、信息显示板、危险信号警报器、示教盒等。简单来说该系统可以分为两大部分：指令给定系统和信息显示装置。

5. 控制系统

控制系统主要是根据机器人的作业指令程序以及从传感器反馈回来的信号支配

的执行机构去完成规定的运动和功能。根据控制原理，控制系统可以分为程序控制系统、适应性控制系统和人工智能控制系统三种。根据运动形式，控制系统可以分为点位控制系统和轨迹控制系统两大类。

10.5.3　建筑机器人种类与应用

根据建筑机器人在建筑全生命周期内的使用环节和用途，一般可将机器人分为调研机器人、建造机器人、运营维护建筑机器人、破拆机器人四种。细分种类有：

1. 调研机器人

调研机器人越来越多地用于建筑工地的自动化工作，如场地的监测，设备的运行和性能及施工进度监测（包括施工现场安全），建筑物和立面的测量，以及建筑物的检查和维护等。

调研机器人可分为地面调研机器人和空中调研机器人（无人机）。

2. 预制板生产机器人

由于制作工序比较简单，施工难度不大，且需求量大，预制板材生产成为机器人切入建筑业的一个重要环节。这种重复的可标准化的工艺主要是应用自动化的建筑机器人替代预制化模台上面的加工中心。传统预制化工厂的加工中心一旦被机器人取代，不但可以生产统一的标准构件，还可以定制加工非标构件。常见的可进行机器人自动化生产的板材包括预制水泥板、预制水磨石板、预制钢筋混凝土板等。预制板机器人系统常常出现在预制化生产线的加工中心，包括搅拌、吊车、挤压、切割、抽水、拉钢丝、浇捣等不同分工。

3. 预制钢结构加工机器人

钢结构属于较为重要的建筑结构，其自动化预制过程分为工厂化预制与现场预制。工厂化预制通常采用大型精密建筑机器人进行下料、切割、焊接、钻孔等批量操作。进行预制拼装后，再运到现场进行组装。工厂化预制的优点是精确性高，对施工质量的控制力强，但受到运输距离和运输工具运输能力的限制，不能预制生产特别大型的构件。施工现场预制灵活性较高，可根据现场情况灵活选择预制和安装顺序，并及时进行调整，同时也减少了运输过程中对于钢结构构件的损伤。常见的钢结构预制机器人包括钢筋加工机器人、数控金属切割机器人、弧焊机器人、高精度数字金属钻床等。

4. 钢筋加工和定位机器人

钢筋混凝土结构需要大量钢筋加工生产相关的施工操作，包括切割、弯曲、绑扎、精确布置以及加强筋元件或网格在楼板或模板系统中的定位，均具有一定的操作难度。自动化钢筋弯折与布料系统不但可以大幅度提高效率与精确度，提高与加固生产定位相关工作的生产力和质量，还可以降低对员工健康的影响，降低施工安全风险。

5. 混凝土轮廓工艺 3D 打印机器人

混凝土结构 3D 打印机器人也是目前建筑机器人重点研发的对象之一。混凝土打印机器人的制造方式包括多种类型，其中层积制造技术是较为主流的制造方式之一。

6. 混凝土配送机器人

混凝土配送机器人用于在大面积或模板系统上分配具有均匀质量的混合混凝土。该类别的系统范围包括从水平和垂直物流供应系统到紧凑型移动混凝土分配和浇筑系统，可在各个楼层较大的范围上运行。机器人通过简单的预定动作，以准确的方式重复运动，混凝土分配和浇筑系统能够均匀分布混凝土。目前该混合系统还未达到完全的自动化，仍需要专业技术人员监督指导。

7. 现场物流机器人

常规施工现场的物流工作，特别是那些需要处理许多材料、废弃物的物流运输工作，数量众多，耗时耗力。现场物流涉及物料的识别、运输、存储和转移（从一个系统到另一个系统）。该类别包括用于自动化材料的垂直传送系统，允许在地面或单个楼层上进行水平传送材料的系统，以及自动化材料系统储存解决方案。水平材料传送系统包括装载叉车式可移动机器人平台、基于地面的轨道或安装在天花板上的系统，或更小的微型物理解决方案。

8. 砖构机器人

这类机器人不仅可以加快建设速度，还降低了施工成本。通过采用三维计算机辅助设计与制造（CAD/CAM）计算建筑结构来高效工作。在用3D扫描周围环境后，能精确地计算出在何处放置砖块，以及是否需要切割砖块。它的铰接伸缩臂作为"手"，可拿起砖头，放下后按序排好码砖。期间可以用压力挤出砂浆或者胶粘剂涂在前方砖块上，能够衡量、扫描垒砖的质量，甚至如果砖块需要裁切，为水管等其他设施预留位置，都能自行完成。

9. 建筑立面单元安装机器人

建筑立面单元安装操作包括窗户的定位和调整、完整的立面单元安装或建筑物的外墙安装。现代建筑特别是高层建筑中的立面元素与钢筋混凝土或钢结构主体是相对独立的，因此可以被认为是一种表皮系统。立面单元的安装操作是相对复杂的操作过程，涉及将重型部件或单元构件精确地定位在建筑工人难以接近的位置。此外，预制外立面单元的定位和对准要求精度高，误差小。该类别机器人包括可在单个楼层上使用的移动机器人，用于安装立面构件的具有高度移动性的蜘蛛式机器人起重机等。

10. 室内装修机器人

土建施工基本完成后，室内的装修与整理工作往往非常不利于工人身体健康。该类别建筑机器人系统包括多种类型：例如配备操纵器的用于定位、安装墙板的机器人移动平台系统；全自动化安装天花板的机器人系统；安装大型管道或通风系统的机器人系统；墙纸、片材等材料铺贴机器人系统；墙壁上的砂浆/石膏刮平机器人系统；墙壁和天花板的自动钻孔机器人；可进行室内瓷砖铺装的铺砖机器人等。其中，一些系统甚至被设计为可以定制或适应各种现场条件和任务的模块化机器人系统。

11. 喷涂机器人

喷涂机器人在保持质量不变的情况下具有特殊的优势，通常能以同步模式操作多个喷嘴。

喷嘴通常也被封装在被覆盖的喷头构造中，可以防止涂料溢出。

连续喷涂的质量由喷嘴尺寸、喷涂速度和喷涂压力决定，这些因素都能得到有效的参数化控制。

喷涂机器人的另一个优点是工人不会受到有害的油漆或者涂料物质的侵害。喷涂机器人可以安装在不同的立面移动系统中，例如悬挂笼/吊舱系统、轨道导向系统和其他立面运动的系统机构。

喷涂机器人主要用于高层建筑和较大型商业建筑的大型外墙。

12. 防火涂料机器人

在工厂预置防火涂料的钢结构，只有在钢结构都得到精准的连接，并且在组装操作期间避免对防火涂层造成任何损坏的情况下，才能保证其可行性与安全性。因而工厂预置防火处理显得不实际，现场防火涂料机器人便应运而生。在这类机器人领域，诸如SSR1、SSR2和SSR3等机械系统的发展从1980年延续到今天，已经产生很多种类的建筑机器人。该类别的系统可以分为两个主要的子类别：一类系统安装在移动平台端的机器人操纵器上，可以跟随要涂装的构件移动；另一类系统直接连接到梁或柱，沿着它们所涂覆的构件移动。

13. 人形机器人

人形机器人领域可以被认为是机器人技术上最复杂的领域之一。这类机器人从问世起，就面临着诸多挑战，如复杂的运动学结构、较高的自由度、双足运动机制自主判断与非结构化环境适应能力以及与人的安全互动等问题。由于这些因素，人形机器人中所需的硬件和软件的高昂成本仍然是该类机器人广泛使用所面临的最大难题。

14. 服务、维护和检测机器人

高层建筑的立面通常铺满瓷砖、玻璃幕墙或其他表皮材料，必须在整个建筑的生命周期内进行定期检测、维修和维护。特别是检测结构是否损坏，替换有掉落风险的瓦或立面幕墙材料。通常，工人通过从屋顶悬挂的吊笼或吊车对立面进行检测、清洁和维护，这种工作既单调又充满危险。服务、维护和检测机器人能够自主执行这些单调和危险的任务。在许多情况下，特别是在检测时，这些机器人系统更为精确、可靠。例如，为了检测40m高的建筑立面（约3000m^2的面积），建筑维护机器人平均需要约8h工作时间，其中包括大约1h的准备、配置、转换、拆卸和清洁机器人。研究表明，立面检测机器人的主要弱点是在非结构化施工环境中需要大量的人力和时间去安装、编程、校准、监督和卸载。这个类别的机器人涵盖范围广泛，包括立面清洁和检查机器人（电缆悬挂、立面攀爬、导轨等）、救援和消防机器人、建筑物通风系统检查、清洁机器人等多种门类。

15. 翻新和回收机器人

该类机器人包括：拆除和拆卸建筑物结构件和内部单元构件的机器人系统；现场拆除和回收材料的机器人；用于如地板、墙壁和立面表面准备工作和混凝土表面清除工作的机器人等。

16. 破拆机器人

在建筑施工前要进行场地的处理工作，场地上原有建筑的拆除工作是场地整理的重要环节。旧建筑的破拆工作任务繁重，且具有一定的风险。自动化拆除机器人可进行半自动或全自动破拆操作，其特点是可适应较恶劣环境，自动化水平高，具有一定自主识别与避障能力，常常可以运用多台机器人同时进行作业。

10.5.4　建筑机器人 BIM 应用举例

1. 测量机器人

目前，我国智能建造工地施工就用到了一种机器人——测量机器人。这是一种全自动高精度的全站仪。有着世界领先水平的数据采集器和放样软件，无需目镜，直接运用笔记本电脑操作，能将 CAD 平面坐标图、三维坐标图，Revit 模型（BIM 模型）导入手簿中，进而通过仪器进行测量。

2. 放样机器人

BIM 放样机器人技术也叫 BIM 放线技术，通过智能放样小车完成放样任务。其原理是可以直接在 BIM 软件（Revit、CAD、SketchUp 等）中设置放样点，再将三维模型拷贝到设备中，将机器人带到现场直接使用三维模型进行放线作业。这种方式的好处是，可以整合从土建、装修到机电等的各个专业的设计于一身，现场的放线工作可以全专业统一进行，并且现场的放线人员不需要具备特殊的经验或专业知识，因为设备已经高度智能化了，把人的工作变得更加"傻瓜式"，最重要的是，相比于传统的人工拉尺子放线作业，这种方式更加精准和快捷。

10.6　智能建造工程项目成本管理 BIM 应用

10.6.1　成本的概念

成本的相关概念可参见本教材 8.1 节相关内容，此处不再赘述。

10.6.2　项目成本管控方法

在智能建造工程成本管理中，为切实提高施工成本管理效果，管理人员可根据建筑工程实际标准和使用要求，利用 BIM 技术全面分析和深度评估建筑工程项目投资情况，并将收集到的信息和数据结果发布到 BIM 平台，通过信息共享实现动态化成本管理。

造价人员在编制工程项目成本预算时，需要提前调查、分析和研究，保证造价人员掌握建筑工程中各项环节所需要成本。

在 BIM 技术应用下，支持动态监控管理，极大程度上减少工作人员实际考察工作量，且搜集到的数据信息十分精确，便于造价人员在确定工程成本工作中，将项目造价动态管控数值与施工材料进行对比，确保两者之间差值在规定范围内。

除此之外，造价人员可将 BIM 技术应用到招投标阶段成本控制中，快速计算工程量。通过有效的成本管理，筛选出最优方案，合理分配施工资源，便于控制建筑工程中各个环节成本消耗，降低企业施工成本。

10.6.3　工程设计成本管控

由于建筑工程流程复杂、环节众多，在图纸设计环节中需要多个部门共同完成此项工作。通过在图纸设计环节中利用 BIM 技术，构建数据信息交流平台，能够

BIM 应用概论

实现在同一平台、同一模型内，不同设计人员互不影响、共同设计。

对于内部构造复杂的工程来说，通过参数化设计能有效控制建筑工程形态变化、使用性能，在设计图纸绘制后进行前后对比分析，从图纸数据库中选出最合理方案进行优化，能有效简化图纸绘制环节，降低企业成本，提升设计质量。

同时，相同建筑模型中不同专业的设计人员还可实现方案共享，能够及时发现方案之间冲突，且有效反馈和协商工作。由此可见，BIM 技术应用能有效提高工程设计精准度和工作效率，避免了图纸设计冲突现象引发后续补救，能有效缩减工程工期，进而降低施工成本。在建筑工程中管线设计较为繁琐，在传统平台设计图纸中未能体现建筑工程立体结构，很难通过观察图纸方式发现构件之间、构件与建筑之间碰撞情况，对施工进度产生很大影响。

BIM 技术借助其模拟特性构建立体模型图来进行实际建筑构件碰撞试验，有效解决管线设计中碰撞问题。一定程度上，数字化成本管理包括基于建筑信息模型的成本预测、成本决策、成本计划、成本控制、成本核算、成本分析等内容。

10.6.4 施工与竣工成本管控

在建筑工程正式开工后，相关施工材料及设备等价格可能会发生变化，这时需要相关人员严格控制工程成本，避免超预算情况发生。施工企业通过应用 BIM 技术，能够将之前收集到的数据信息进行分析，探索出一套相应解决方案，保证在不影响工程进度前提下，实现施工现场材料、设备等合理分配，实现建筑工程施工成本最低。

施工企业可利用 BIM 技术，实现施工现场材料管理动态化，避免施工人员出现过量领取，在施工阶段完成后出现材料浪费现象，有效控制材料支出成本。

在 BIM 技术支持下，实现了施工现场建筑工程构件合理布局，极大程度上便于施工人员处理现场施工情况，有效缩减建筑工程施工周期，提高工程整体质量。

在建筑项目工程竣工后，需要管理人员对工程造价核算工作加大审查力度，并进行整体性统计工作，保证核算数据精确性。但此项工作涉及信息数据相对较多，若仅凭人力是无法实现精准结算工作的。

练习题

一、简答题

1. 什么是智能建造？
2. 智能建造包含哪些内容？
3. 什么是建筑机器人？与传统机器相比有哪些不同点？
4. 如何运用 BIM 技术管控施工成本？

二、多项选择题

1. 建筑机器人包括（　　）。

A. 无人机 B. 清洁机器人
C. 抹灰机器人 D. 铺地砖机器人
2. 智能建造工程项目成本管控方法包括（　　）。
A. 利用 BIM 平台管控 B. 应用 BIM 模型管控
C. 动态数据管理 D. 利用二维码成本管控

参 考 文 献

[1] 中华人民共和国住房和城乡建设部. 建筑信息模型应用统一标准：GB/T 51212—2016[S]. 北京：中国建筑工业出版社，2016.

[2] 中华人民共和国住房和城乡建设部. 建筑信息模型分类和编码标准：GB/T 51269—2017[S]. 北京：中国建筑工业出版社，2017.

[3] 中华人民共和国住房和城乡建设部. 建筑信息模型施工应用标准：GB/T 51235—2017[S]. 北京：中国建筑工业出版社，2017.

[4] 中华人民共和国住房和城乡建设部. 建筑信息模型设计交付标准：GB/T 51301—2018[S]. 北京：中国建筑工业出版社，2018.

[5] 袁建新，袁媛. 工程造价概论[M]. 4版. 北京：中国建筑工业出版社，2019.